KB153435

초보자를 위한 전기입문

이종칠 지음
최재욱·강일구 감수

세진사

머리말

이 교재의 근본 취지는 수학을 이해하기 위한 교재로서의 역할보다는 전기학을 이해하기 위한 수학적 표현을 이해하는데 중점을 두었으며 전기학을 처음 접하는 수험생과 전기학도로서의 첫걸음을 내딛는 새내기 대학생을 위한 참고 교재로서 쓰일 수 있도록 집필하였다.

초보자가 가장 난감한 부분인 그리스 문자와 단위의 개념을 알려 주고, 읽는 방법을 수록하여 기초의 완성을 꾀하였다.

오랜 시간 동안 대학 강단과 학원 강단 현장에서 수많은 수강생과 대학생을 상대로 느껴왔던 기초학습의 부재를 이 교재를 통하여 한 번에 해결할 수는 없더라도 조금이라도 도움이 될 수 있도록 '알기 쉽고', '재미있고', '흥미유발'을 이끌어 내도록 배려하였다.

아직 미흡한 면이 많은 교재이지만 전기학 입문에 있어 초석이 되고, 기초완성이 될 수 있도록 하였던 바 그 성과가 조금씩 나타나고 있기에 무한한 보람과 긍지를 가지며 출간의 머리말을 대신합니다.

이 교재를 발간하는데 도움을 주신 도서출판 세진사 문형진 사장님과 제일전기기술학원 최재욱, 강일구, 임은정 선생님께 감사하다는 말을 올립니다.

노란돼지라는 닉네임으로 학원가에서 알려진 이름에 먹칠하지 않고 실력이 부족하여 공부에 어려움을 느끼는 전기학도, 수험생에게 도움이 되기를 기원하며 출간의 말을 마칩니다.

저자 이 종 칠

차례

자격시험 안내

전기자격증 개요

전기를 합리적으로 사용하는 것은 전력부문의 투자효율성을 높이는 것은 물론 국가경제의 효율성 측면에도 주요하다. 하지만 자칫 전기를 소홀하게 다룰 경우 큰 사고의 위험도 많다. 그러므로 전기설비의 운전 및 조작, 유지·보수에 관한 전문 자격제도를 실시해 전기로 인한 재해를 방지해 안전성을 높이고자 자격제도 제정하다.

수행직무

전기기계기구의 설계, 제작, 관리 등과 전기설비를 구성하는 모든 기자재의 규격, 크기, 용량 등을 산정하기 위한 계산 및 자료의 활용과 전기설비의 설계, 도면 및 시방서 작성, 점검 및 유지, 시험작동, 운용관리 등에 전문적인 역할과 전기안전 관리담당. 또한 공사현장에서 공사를 시공, 감독하거나 제조공정의 관리, 발전, 소전 및 변전시설의 유지관리, 기타 전기시설에 관한 보안관리업무 수행

진로 및 전망

▶ 전기분야

한국전력공사를 비롯한 전기기기제조업체, 전기공사업체, 전기설계전문업체, 전기기기 설비업체, 전기안전관리 대행업체, 환경시설업체 등에 취업할 수 있다. 또한 전기 부품·장비·장치의 디자인 및 제조, 실험과 관련된 연구를 담당하기 위해 생산업체의 연구실 및 개발실에 종사하기도 한다. 발전, 변전설비가 대형화되고 초고속·초저속 전기기기의 개발과 에너지 절약형, 저손실 변압기, 전동력 속도제어기, 프로그래머블 컨트롤러 등 신소재 발달로 에너지 절약형 자동화기기의 개발, 또 내선설비의 고급화, 초고속 송전, 자연에너지 이용확대 등 신기술이 급격히 개발되고 있다. 이에 따라 안전하게 전기를 관리할 수 있는 전문인의 수요는 꾸준할 것으로 예상된다. 그리고 「전기사업법」 등 여러 법에서 전기의 이용과 설비 시공 등에서

안전관리를 위해 자격증 소지자를 고용하도록 하고 있어 자격증 취득시 취업이 절대 유리하다.

▶ 전기공사분야

한국전력공사를 비롯한 전기공사업체, 발전소, 변전소, 설계회사, 감리회사, 조명공사 업체, 변압기, 발전기, 전동기 수리업체 등 전기가 쓰이는 모든 전기공사시공업체에 취업이 가능하고 일부는 전기공사업체를 자영하거나 전기직 공무원으로 진출하기도 한다. 전기는 현대사회와 산업발전에 필수적인 에너지로서 전력수요량과 전기공사량은 경제 성장과 함께 한다고 할 수 있는데 현재는 통신설비와 기기의 기술이 크게 발전하여 관련 전문가라고 하더라도 지속적인 첨단장비의 설치 기술능력이 요구된다. 그리고 「전기공사업법」에서도 전기공사의 규모별 전기기술자의 시공관리 구분을 규정함으로써 전기기술자 이외의 자가 전기공사업무를 수행할 수 없도록 규정하고 있는데 제2종 공사업에 있어서는 전기공사산업기사 1인을 포함한 전기기술자 1인 이상을 고용하도록 되어 있다. 참고로 1998년 말 현재 제2종 공사업체수는 7,228개이다. 그러므로 자격증 취득시 진출범위가 넓고 취업이 유리한 편이어서 매년 많은 인원이 응시하고 있다.

출제경향

- 필답형 실기시험이므로 시험과목 및 출제기준을 참조하여 수험준비
- 전기설비기술기준 및 판단기준 개정시행(2015년 1월 30일), 내선규정의 개정 시행(2013년 1월 1일)에 따라 수험자는 개정된 기준 및 규정으로 수험준비에 임하여야 합니다.

취득방법

① **시 행 처** : 한국산업인력공단
② **관련학과** : 대학의 전기공학, 전기제어공학, 전기전자공학 등 관련학과
③ **훈련기관** : 일반사설학원

④ 시험과목

전기분야 기사 자격시험 과목안내 및 응시자격		
1. 전기공사기사	2. 전기기사	3. 전기철도기사
필기 1. 전기응용 및 공사재료 2. 전력공학 3. 전기기기 4. 회로이론 및 제어공학 5. 전기설비기술기준 및 판단기준	**필기** 1. 전기자기학 2. 전력공학 3. 전기기기 4. 회로이론 및 제어공학 5. 전기설비기술기준 및 판단기준	**필기** 1. 전기철도공학 2. 전기철도 구조물공학 3. 전기자기학 4. 전력공학
실기 전기설비 견적 및 시공	**실기** 전기설비설계 및 관리	**실기** 전기철도 실무
기사 응시자격		
• 산업기사 취득 후+실무경력 1년 • 대졸(관련학과) • 3년제전문대졸(관련학과)후+실무경력 1년 • 동일 및 유사직무분야의 다른 종목 기사등급 이상 취득자	• 기능사 취득후+실무경력 3년 • 2년제전문대졸(관련학과)후+실무경력 2년 • 실무경력 4년등	

전기분야 산업기사 자격시험 과목안내 및 응시자격		
1. 전기공사산업기사	2. 전기산업기사	
필기 1. 전기응용 2. 전력공학 3. 전기기기 4. 회로이론 5. 전기설비기술기준 및 판단기준	**필기** 1. 전기자기학 2. 전력공학 3. 전기기기 4. 회로이론 5. 전기설비기술기준 및 판단기준	
실기 전기설비 견적 및 시공	**실기** 전기설비설계 및 관리	
산업기사 응시자격		
• 기능사취득후+실무경력 1년 • 전문대졸(관련학과) • 동일 및 유사직무분야의 다른 종목 산업기사등급 이상 취득자	• 대졸(관련학과) • 실무경력 2년 등	

⑤ 검정방법

- 필기 : 객관식 4지 택일형, 과목당 20문항(과목당 30분)
- 실기 : 기사 필답형(2시간 30분), 산업기사 필답형(2시간)

⑥ 합격기준

- 필기 : 100점을 만점으로 하여 과목당 40점 이상, 전과목 평균 60점 이상
- 실기 : 100점을 만점으로 하여 60점 이상

검정현황

▶ 기사

종목명	연도	필기			실기		
		응시	합격	합격률	응시	합격	합격률
소 계		745,091	177,842	23.9%	376,448	102,158	27.1%
전기기사	2019	49,815	14,512	29.1%	31,476	12,760	40.5%
전기기사	2018	44,920	12,329	27.4%	30,849	4,412	14.3%
전기기사	2017	43,104	10,831	25.1%	25,309	9,457	37.4%
전기기사	2016	38,632	9,085	23.5%	23,089	4,676	20.3%

▶ 산업기사

종목명	연도	필기			실기		
		응시	합격	합격률	응시	합격	합격률
소 계		641,546	119,648	18.6%	210,670	74,030	35.1%
전기산업기사	2019	37,091	6,629	17.9%	13,179	4,486	34%
전기산업기사	2018	30,920	6,583	21.3%	12,331	4,820	39.1%
전기산업기사	2017	29,428	5,779	19.6%	12,159	4,334	35.6%
전기산업기사	2016	27,724	5,790	20.9%	11,031	2,933	26.6%

▶ 공사기사

종목명	연도	필기			실기		
		응시	합격	합격률	응시	합격	합격률
소 계		419,383	137,863	32.9%	247,225	78,261	31.7%
전기공사기사	2019	12,263	5,227	42.6%	6,338	1,852	29.2%
전기공사기사	2018	9,430	3,462	36.7%	4,655	2,162	46.4%
전기공사기사	2017	10,743	4,503	41.9%	5,287	1,974	37.3%
전기공사기사	2016	9,407	3,383	36%	4,357	1,920	44.1%

▶ 공사산업기사

종목명	연도	필기			실기		
		응시	합격	합격률	응시	합격	합격률
소 계		484,084	107,169	22.1%	192,253	61,588	32%
전기공사산업기사	2019	5,423	1,529	28.2%	2,421	436	18%
전기공사산업기사	2018	5,139	1,480	28.8%	2,349	558	23.8%
전기공사산업기사	2017	5,303	1,689	31.8%	2,096	281	13.4%
전기공사산업기사	2016	5,676	1,501	26.4%	2,818	1,031	36.6%

그리스 문자 및 단위

그리스 문자

그리스 문자		호칭	그리스 문자		호칭
A	α	알파	N	ν	뉴
B	β	베타	Ξ	ξ	크사이
Γ	γ	감마	O	o	오미크론
Δ	δ	델타	Π	π	파이
E	ϵ	엡실론	P	ρ	로
Z	ζ	제타	Σ	σ	시그마
H	η	이타	T	τ	타우어
Θ	θ	세타	Υ	υ	입실론
I	ι	요타	Φ	ϕ	파이
K	κ	카파	X	χ	카이
Λ	λ	람다	Ψ	ψ	프사이
M	μ	뮤	Ω	ω	오메가

보조 단위

기호	읽는 법	배수	기호	읽는법	배수
T	테라(tera)	10^{12}	c	센티(centi)	10^{-2}
G	기가(giga)	10^{9}	m	밀리(milli)	10^{-3}
M	메가(mega)	10^{6}	μ	마이크로(micro)	10^{-6}
k	킬로(kilo)	10^{3}	n	나노(nano)	10^{-9}
h	헥토(hecto)	10^{2}	p	피코(pico)	10^{-12}
D	데카(deca)	10	f	펨토(femto)	10^{-15}
d	데시(deci)	10^{-1}	a	아토(atto)	10^{-18}

단위 읽기표

단위	단위 읽는 법	단위의 의미(물리량)
[Ah]	암페어 아워(Ampere hour)	축전지의 용량
[AT/m]	암페어 턴 퍼 미터(Ampere Turn per meter)	자계의 세기
[AT/Wb]	암페어 턴 퍼 웨버(Ampere Turn per Weber)	자기 저항
[atm]	에이 티 엠(atmosphere)	기압, 압력
[AT]	암페어 턴(Ampere Turn)	기자력
[A]	암페어(Ampere)	전류
[BTU]	비티유(British Thermal Unit)	열량
[C/m^2]	쿨롱 퍼 미터제곱(Coulomb per meter square)	전속밀도
[cal/g]	칼로리 퍼 그램(calorie per gram)	융해열, 기화열
[cal/g℃]	칼로리 퍼 그램 도씨 (calorie per gram degree Celsius)	비열
[cal]	칼로리(calorie)	에너지, 일
[C]	쿨롱(Coulomb)	전하(전기량)
[dB/m]	데시벨 퍼 미터(deciBel per meter)	감쇠정수
[dyn], [dyne]	다인(dyne)	힘
[erg]	에르그(erg)	에너지, 일
[F/m]	패럿 퍼 미터(Farad per meter)	유전율
[F]	패럿(Farad)	정전용량(커패시턴스)
[gauss]	가우스(gauss)	자속밀도(자화의 세기)
[g]	그램(gram)	질량
[H/m]	헨리 퍼 미터(Henry per meter)	투자율
[HP]	마력(Horse Power)	일률
[Hz]	헤르츠(Hertz)	주파수
[H]	헨리(Henry)	인덕턴스
[h]	아워(hour)	시간
[J/m^3]	줄 퍼 미터 세제곱(Joule per meter cubic)	에너지 밀도
[J]	줄(Joule)	에너지, 일
[kg/m^2]	킬로그램 퍼 미터제곱(kilogram per meter square)	압력
[K]	케이(Kelvin)	켈빈온도

단위	단위 읽는 법	단위의 의미(물리량)
[1b]	파운드(pound)	중량
[m^{-1}]	아크미터(meter)	감광계수
[m/min]	미터 퍼 미뉴트(meter per minute)	속도
[m/s], [m/sec]	미터 퍼 세컨드(meter per second)	속도
[m^2]	미터 제곱(meter square)	면적
[maxwell/m^2]	맥스웰 퍼 미터제곱(maxwell per meter square)	자속밀도(자화의 세기)
[mol], [mole]	몰(mole)	물질의 양
[m]	미터(meter)	길이
[N/C]	뉴턴 퍼 쿨롱(Newton per Coulomb)	전계의 세기
[N]	뉴턴(Newton)	힘
[N·m]	뉴턴 미터(Newton meter)	회전력
[PS]	미터마력(PferdeStarke)	일률
[rad/m]	라디안 퍼 미터(radian per meter)	위상정수
[rad/s], [rad/sec]	라디안 퍼 세컨드(radian per second)	각주파수, 각속도
[rad]	라디안(radian)	각도
[rpm]	알피엠(revoultion per minute)	동기속도, 회전속도
[S]	지멘스(Siemens)	컨덕턴스
[s], [sec]	세컨드(second)	시간
[V/cell]	볼트 퍼 셀(Volt per cell)	축전지 1개의 최저허용전압
[V/m]	볼트 퍼 미터(Volt per meter)	전계의 세기
[Var]	바(Var)	무효전력
[VA]	볼트 암페어(Volt Ampere)	피상전력
[vol%]	볼륨 퍼센트(volume percent)	농도
[V]	볼트(Volt)	전압
[W/m^2]	와트 퍼 미터제곱(Watt per meter square)	대류열
[$W/m^2 \cdot K^4$]	와트 퍼 미터제곱 케이 네제곱 (Watt per meter square Kelvin-)	스테판 볼츠만 상수
[$W/m^2 \cdot$ ℃]	와트 퍼 미터제곱 도씨 (Watt per meter square degree Celsius)	열전달률

단위	단위 읽는 법	단위의 의미(물리량)
[W/m³]	와트 퍼 미터 세제곱(Watt per meter cubic)	와전류손
[W/m·K]	와트 퍼 미터 케이(Watt per meter Kelvin)	열전도율
[W/sec], [W/s]	와트 퍼 세컨드(Watt per second)	전도열
[Wb/m²]	웨버 퍼 미터제곱(Weber per meter)	자속밀도(자화의 세기)
[Wb]	웨버(Weber)	자극의 세기, 자속, 자하
[Wb·m]	웨버 미터(Weber meter)	자기모멘트
[W]	와트(Watt)	전력, 유효전력 (소비전력)
[°F]	도에프(degree Fahrenheit)	화씨온도
[°R]	도알(degree Rankine)	랭킨온도
[Ω⁻¹]	옴 마이너스 일제곱(ohm−)	컨덕턴스
[Ω]	옴(ohm)	저항
[℧]	모(mho)	컨덕턴스
[℃]	도씨(degree Celsius)	섭씨온도

단위법 환산

	MKS	CGS
길이	1 [m]	10^2 [cm]
무게	1 [kg]	10^3 [g]
시간	1 [s]	1 [s]
힘	1 [N]	10^5 [dyne]
일	1 [J]	10^7 [erg]
전기량	1 [C]	3×10^9 [CGS e.s.u]

- $F=m\cdot a$ [kg·m/s²][N]

  $10^3\cdot10^2$ [g·cm/s²][dyne]

- $W=F\cdot L$ [N·m][J]

  $10^5\cdot10^2$ [dyne·cm][erg]

제1장 전기수학의 이해

01 전기수학의 이해

1.1 집합과 자연수

1) 집합과 원소

❶ 집합

㉠ 모임

㉡ 명확한 기준

예 5보다 작은 양의 정수의 모임(○) {1, 2, 3, 4}

잘생긴 남자의 모임(×) {제우스 ???, 블랙강 ???, …}

❷ 원소

집합을 이루는 낱개의 대상

예 6의 약수의 모임 M

$M = \{1, 2, 3, 6\}$에서 1, 2, 3, 6은 M의 원소이다.

2) 약수와 자연수

❶ 약수

a가 b로 나누어 떨어질 때 즉, $a = b \times$(자연수)의 형태로 나타내어질 때 a를 b의 배수, b를 a의 약수라 한다.

예 $6 = 2 \times (3)$: 6을 2의 배수, 2를 6의 약수라 한다.

❷ 자연수

1부터 시작하여 1씩 커지는 수를 말한다.

자연수끼리 더하거나(+), 곱하면(×) 그 결과는 항상 자연수이지만 자연수끼리 빼거나(−), 나누면(÷) 그 결과가 항상 자연수는 아니다.

예 $2 + 3 = 5$

$2 \times 3 = 6$: 결과가 자연수이다.

예 $2 - 3 = -1$

$2 \div 3 = \dfrac{2}{3}$: 결과가 자연수가 아니다.

3) 소인수분해

❶ 소수와 합성수

㉠ **소수** : 1이 아닌 자연수 중에서 그 수 자신만을 약수로 갖는 자연수(약수가 2개)

예 • $3 = 3 \times 1$(○)
• $5 = 5 \times 1$(○)
• $7 = 7 \times 1$(○)
• $9 = 9 \times 1 = 3 \times 3$(×)

㉡ **합성수** : 1과 그 수 자신 이외의 자연수를 약수로 갖는 자연수(약수가 3개 이상)

※ 1은 합성수도 소수도 아니다.

❷ 거듭제곱

자연수 a를 여러 번 거듭해서 곱한 수를 a의 거듭제곱이라고 한다.

$$a^n = a \times a \times \cdots \times a$$

a^n ← 지수(곱한 횟수)
← 밑(곱한수나 문자)

예 • $2 \times 2 \times 2 = 2^3$
• $3 \times 3 \times 3 \times 3 \times 3 = 3^5$

❸ 소인수분해

자연수를 소수들만의 곱으로 나타내는 것을 말한다.

㉠ **인수** : 자연수의 약수를 인수라고 한다.(인수=약수)

㉡ **소인수** : 소수의 인수

＊ 소인수분해를 하는 방법

① 소수인 약수로 나눈다.

② 몫이 소수가 될 때까지 나눈다.

③ 나누어준 소수와 마지막 몫의 소수를 모두 곱한다.

④ 같은 소인수는 거듭제곱으로 나타낸다.

예 • 12를 소인수 분해하면

$$\begin{array}{r|l} 2 & 12 \\ \hline 2 & 6 \\ \hline & 3 \end{array}$$

• 360을 소인수 분해하면

$$\begin{array}{r|l} 2 & 360 \\ \hline 2 & 180 \\ \hline 2 & 90 \\ \hline 3 & 45 \\ \hline 3 & 15 \\ \hline & 5 \end{array}$$

$\therefore\ 12 = 2 \times 2 \times 3 = 2^2 \times 3$

$\therefore\ 360 = 2 \times 2 \times 2 \times 3 \times 3 \times 5 = 2^3 \times 3^2 \times 5$

㉢ 소인수분해를 이용하여 약수 구하기

A가 $A = a^m \times b^n$으로 소인수 분해될 때

＊ 약수의 개수 ⇨ $(m+1) \times (n+1)$[개]

예 • 12의 약수 개수 $= (2+1)\times(1+1)$
$= 3\times2 = 6$개

• 360의 약수 개수 $= (3+1)\times(2+1)\times(1+1)$
$= 4\times3\times2 = 24$개

4) 최대공약수와 최소공배수

❶ 공약수와 최대공약수

㉠ 공약수 : 두 개 이상의 자연수의 공통인 약수

㉡ 최대공약수 : 공약수 중에서 가장 큰 수(공약수는 최대공약수의 약수이다)

㉢ 서로소 : 최대공약수가 1인 두 자연수

㉣ 최대공약수 구하는 방법

ⓐ 각 수를 소인수분해 한다.

ⓑ 공통인 소인수만을 모두 곱한다.

예 12의 약수 1, 2, 3, 4, 6, 12이고,
18의 약수 1, 2, 3, 6, 9, 18이다.
이들의 공통인 수 1, 2, 3, 6이 12와 18의 공약수이고 가장 큰 6이 최대공약수이다.

$$\begin{array}{r|rr} 2 & 12 & 18 \\ \hline 3 & 6 & 9 \\ \hline & 2 & 3 \end{array}$$

∴ 최대공약수는 $2 \times 3 = 6$

❷ 공배수와 최소공배수

두 수 A, B라 하고 최소공배수를 L이라 하면

$$\begin{array}{r|l} G & A \quad B \\ \hline & a \quad b \end{array} \qquad L = a \cdot b \cdot G$$

㉠ 공배수 : 두 개 이상의 자연수의 공통인 배수

㉡ 최소공배수 : 공배수 중에서 가장 작은 수(공배수는 최소공배수의 배수이다)

㉢ 최소공배수 구하는 방법

ⓐ 각 수의 배수를 구한다.

ⓑ 모든 약수를 곱한다.

예 4의 배수 4, 8, 12, 16, ……

6의 배수 6, 12, 18, 24, …… 이며,

최소공배수는 12가 되며 공배수는 12의 배수가 된다.

$$\begin{array}{r|l} 2 & 4 \quad 6 \\ \hline & 2 \quad 3 \end{array} \qquad L = 2 \times 2 \times 3 = 12$$

1.2 정수와 유리수

1) 양수와 음수

❶ 양수

0보다 큰 수(+부호가 붙는다.)

❷ 음수

0보다 작은 수(−부하가 붙는다.)

❸ 양수 또는 음수

0 이외의 모든 수는 양수 또는 음수이다.

예 영상 9℃와 영하 6℃에서 영상 9℃를 +9℃, 영하 6℃를 −6℃로 표현

2) 정수와 유리수

❶ 정수

정수
- 양의 정수 : 자연수에 양의 부호를 붙인 수
- 0
- 음의 정수 : 자연수에 음의 부호를 붙인 후

예 수직선 위에 −1, −2, −3, 0, +1, +2, +3을 나타내어라.

풀이

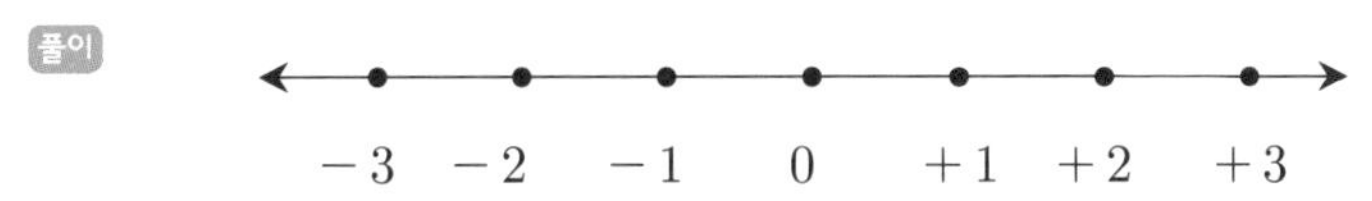

❷ **유리수** : 분자, 분모가 정수인 분수로 나타낼 수 있는 수를 유리수라 한다.(단, 분모$\neq$1)

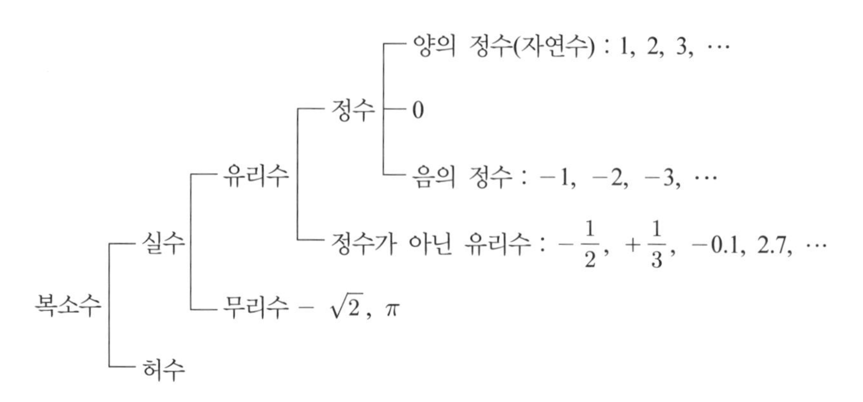

※ 수의 범위

N : 자연수, Z : 정수, Q : 유리수, K : 실수, J : 복소수

$$N \subset Z \subset Q \subset K \subset J$$

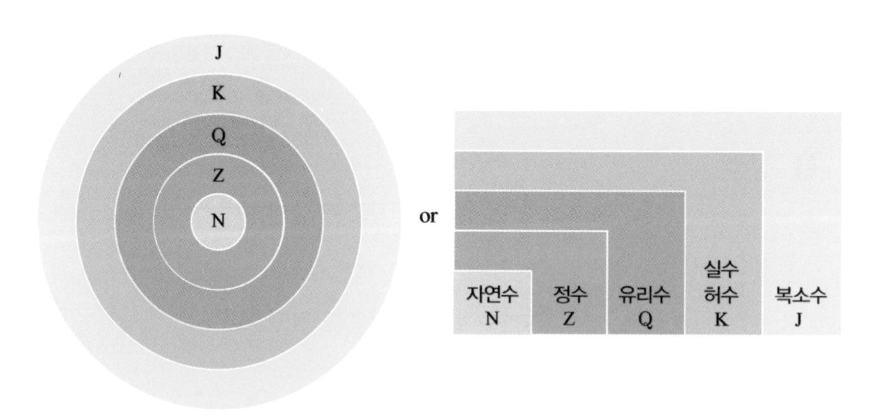

1.3 수의 대소관계

1) 절댓값

❶ 절댓값

수직선 위의 수 a와 원점 사이의 거리

❷ 절댓값의 성질

㉠ a가 양수이면 절댓값 a는 a

㉡ 0의 절댓값은 0이다.

㉢ a가 음수이면 절댓값 $-a$는 a

㉣ 0을 제외한 수의 절댓값은 항상 양수이다[부호(+, −)를 떼어낸 수와 같다].

예 다음 수들의 절댓값을 구하라.

1) $+4$ ➔ $|+4| = 4$

2) -5 ➔ $|-5| = 5$

3) 0 ➔ $|0| = 0$

2) 수의 대소관계

❶ 대소관계 (크다, 작다, 같다)

cf) ① 크지 않다 = 작거나 같다.

예 x는 1보다 크지 않다를 표현하면? ➔ $x \leq 1$

② 작지 않다 = 크거나 같다.

예 x는 1보다 작지 않다를 표현하면? ➔ $x \geq 1$

❷ 부등호의 사용

㉠ 양수는 0 보다 크고, 음수는 0 보다 작다.

예 $3 > 0, \ -3 < 0$

㉡ 양수는 음수보다 크다.(양수 > 0 > 음수)

예 $3 > 0 > -3$

㉢ 두 양수에서는 절댓값이 큰 수가 크다.

예 $+3 > +1$

㉣ 두 음수에서는 절댓값이 작은 수가 크다.

예 $-3 < -1$

cf) ① 이상 $x \geq 1$ ② 초과 $x > 1$

③ 이하 $x \leq 1$ ④ 미만 $x < 1$

1.4 대수공식

실전에서 자주 나오는 공식이니 익혀봅시다.

1) 곱셈공식

① $m(a+b-c) = ma+mb-mc$

예 $3(a+b-c) = 3a+3b-3c$

② $(a+b)^2 = a^2+2ab+b^2$

예 $(x+3)^2 = x^2+2\times 3x+3^2 = x^2+6x+9$

③ $(a-b)^2 = a^2-2ab+b^2$

예 $(x-3)^2 = x^2-2\times 3x+3^2 = x^2-6x+9$

④ $(a+b)(a-b) = a^2-b^2$

예 $(x+3)(x-3) = x^2-3^2 = x^2-9$

2) 인수분해(곱셈공식의 역)

① $x^2+(a+b)x+ab = (x+a)(x+b)$

② $acx^2+(bc+ad)x+bd = (ax+b)(cx+d)$

예 $x^2+2x-15$

$1x \quad -3 = -3x$

$1x \quad +5 = +5x$

$2x$

$6x^2+7x+2$

$2x \quad +1 = 3x$

$3x \quad +2 = 4x$

$7x$

$\therefore\ x^2+2x-15 = (x-3)(x+5)$

$\therefore\ 6x^2+7x+2 = (2x+1)(3x+2)$

3) 분수식의 계산

❶ 약분

$$\frac{bc}{ac} = \frac{b}{a}$$

예 $\frac{9}{6} = \frac{3\times3}{2\times3} = \frac{3}{2}$

❷ 통분

㉠ 덧셈 : $\frac{b}{a} + \frac{d}{c} = \frac{bc}{ac} + \frac{ad}{ac}$

예 $\frac{1}{2} + \frac{3}{4} = \frac{1\cdot4}{2\cdot4} + \frac{3\cdot2}{2\cdot4} = \frac{4}{8} + \frac{6}{8} = \frac{10}{8} = \frac{5}{4}$

㉡ 뺄셈 : $\frac{b}{a} - \frac{d}{c} = \frac{bc - ad}{ac}$

예 $\frac{3}{4} - \frac{1}{2} = \frac{3\cdot2}{4\cdot2} - \frac{1\cdot4}{2\cdot4} = \frac{6}{8} - \frac{4}{8} = \frac{2}{8} = \frac{1}{4}$

㉢ 곱셈 : $\frac{b}{a} \times \frac{d}{c} = \frac{bd}{ac}$

예 $\frac{2}{3} \times \frac{1}{4} = \frac{2\times1}{4\times3} = \frac{2}{12} = \frac{1}{6}$

㉣ 나눗셈 : $\frac{b}{a} \div \frac{d}{c} = \frac{b}{a} \times \frac{c}{d} = \frac{bc}{ad}$

예 $\frac{1}{2} \div \frac{3}{4} = \frac{\frac{1}{2}}{\frac{3}{4}} = \frac{1\times4}{2\times3} = \frac{4}{6} = \frac{2}{3}$

4) 복소수의 사칙연산

❶ 더하기·빼기 : 실수는 실수끼리, 허수는 허수끼리

$$Z_1 \pm Z_2 = (a + jb) \pm (c + jd) = (a \pm c) + j(b \pm d)$$

예 $(3+j4)+(2+j6)=(3+2)+j(4+6)=5+j10$

예 $(3+j6)-(2+j4)=(3-2)+j(6-4)=1+j2$

❷ 곱하기

$$Z_1 \cdot Z_2 = (a + jb)(c + jd) = (ac - bd) + j(ad + bc)$$

예 $(2+j3)(3+j4)=(2\times 3-3\times 4)+j(2\times 4+3\times 3)=-6+j17$

예 $(2-j3)(3+j4)=(2\times 3+3\times 4)-j(3\times 3-2\times 4)=18-j1$

❸ 나누기

tip (i) 분모에 켤레복소수를 곱해 분모의 실수화를 먼저 조치한다.
(ii) 분자와 분모를 분리하여 실수부, 허수부로 분리한다.

$$\frac{Z_1}{Z_2} = \frac{a + jb}{c + jd} = \frac{(a + jb)(c - jd)}{(c + jd)(c - jd)} = \frac{ac + bd}{c^2 + d^2} + j\frac{bc - ad}{c^2 + d^2}$$

예 $\dfrac{6+j1}{3+j2}=\dfrac{(6+j1)(3-j2)}{(3+j2)(3-j2)}=\dfrac{(6\times 3+1\times 2)-j(6\times 2-1\times 3)}{3^2+2^2}$

$$=\frac{20-j9}{9+4}=\frac{20-j9}{13}$$

5) 2차 방정식의 해 $ax^2+bx+c=0$

$$x = \frac{-b \pm \sqrt{b^2-4ac}}{2a}$$

예 $x^2-7x+1=0$

$$x = \frac{7 \pm \sqrt{7^2-4\times1\times1}}{2\times1} = \frac{7\pm\sqrt{45}}{2}$$

cf) b가 짝수일 경우, $x = \dfrac{-b' \pm \sqrt{b'^2-ac}}{a}$ ($b' = \dfrac{b}{2}$이다)

6) 로그의 정의

① $a^y = x \Leftrightarrow y = \log_a x$

예 $2^3=8 \Rightarrow 3=\log_2 8$

② $\log_a 1 = 0\,(\because\ a^0=1)$

예 $\log_3 1 = 0 \Rightarrow 3^0 = 1$

③ $\log_a a = 1$

예 $\log_{10} 10 = 1$

cf) $\log_{10} = \log$: 상용로그(전력 과목)

$\log_e = \ln$: 자연로그(자기학 과목)

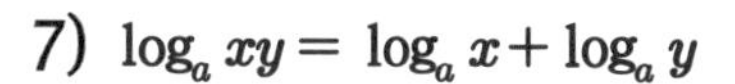

7) $\log_a xy = \log_a x + \log_a y$

"로그의 덧셈은 곱셈과 같다."

예 $\log_{10} 6 = \log_{10} 2 \times 3 = \log_{10} 2 + \log_{10} 3$

8) $\log_a \dfrac{y}{x} = \log_a y - \log_a x$

"로그의 뺄셈은 나눗셈과 같다."

예 $\log_{10} \dfrac{2}{3} = \log_{10} 2 - \log_{10} 3$

9) $\log_a x^n = n \log_a x$

예 $\log_{10} 100 = \log_{10} 10^2 = 2\log_{10} 10 = 2$

10) 지수와 로그와의 관계

❶ "지수형태는 로그로,

(지수 → 로그)

$x = a^y \Rightarrow$ 양변에 로그

$\log_a x = \log_a a^y$

$\therefore \log_a x = y$

❷ 로그형태는 지수로"

(로그 → 지수)

$\log_a x = y$

$\therefore x = a^y$

예

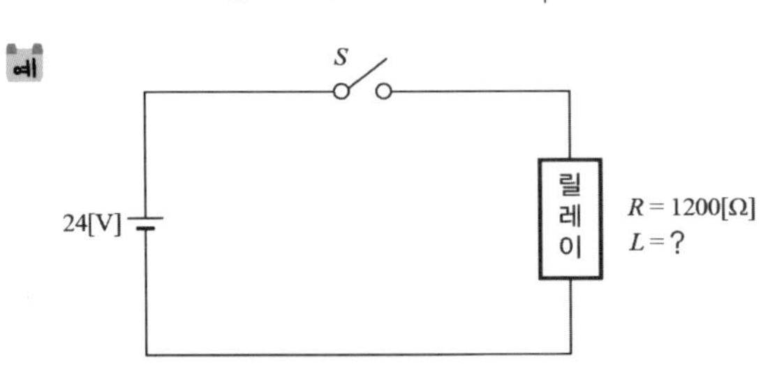

$t = 0.015[\text{s}],\ i(t) = 10\,[\text{mA}]$이면 $L\,[\text{H}] = ?$

풀이 $R-L$ 직렬시 과도현상

$$i(t) = \frac{E}{R}\left(1 - e^{-\frac{R}{L}t}\right)$$

$$10 \times 10^{-3} = \frac{24}{1200}\left(1 - e^{-\frac{1200}{L} \times 0.015}\right)$$

$$\frac{1200 \times 10 \times 10^{-3}}{24} = 1 - e^{-\frac{18}{L}}$$

$$\frac{1}{2} = 1 - e^{-\frac{18}{L}}$$

$$e^{-\frac{18}{L}} = \frac{1}{2} = 2^{-1}$$

<양변에 자연로그>

$$\log_e e^{-\frac{18}{L}} = \log_e 2^{-1}$$

$$-\frac{18}{L} = -\log_e 2$$

$$\therefore L = \frac{18}{\log_e 2}$$

$$= 26\,[\text{H}]$$

11) 로그(log)

- $\ln x + \ln y = \ln x \cdot y$: 로그의 덧셈은 곱셈과 같다.
- $\ln x - \ln y = \ln \frac{x}{y}$: 로그의 뺄셈은 나눗셈과 같다.

예 $E = 7xi - 7yj$[V/m]일 때, 점 (5, 2)[m]를 통과하는 전기력선의 방정식은?

풀이

전기력선의 방정식

$$\frac{dx}{Ex} = \frac{dy}{Ey} = \frac{dz}{Ez}$$

여기서, $Ex = 7x$, $Ey = -7y$

$$\therefore \frac{dx}{7x} = \frac{dy}{-7y}$$

$\int \frac{1}{x} dx = -\int \frac{1}{y} dy$: 양변을 적분한다.

$\ln x = -\ln y + \ln C$: 전개과정상 적분상수 C는 y축에만 취한다.

$\ln x + \ln y = \ln C$: C에도 ln을 취한다.

$\ln xy = \ln C$

$x \cdot y = C = 10$

$\therefore xy = 10$, $y = \frac{10}{x}$

12) $e = 1 + \frac{1}{1!} + \frac{1}{2!} + \cdots + \frac{1}{n!} = 2.71828\cdots$

cf) $3! = 3 \times 2 \times 1 = 6$

13) $e^{-at} = \frac{1}{e^{at}}$

$t \to \infty \; : \; \frac{1}{e^{\infty}} = \frac{1}{\infty} = 0$

$t \to 0 \; : \; \frac{1}{e^{0}} = \frac{1}{1} = 1$

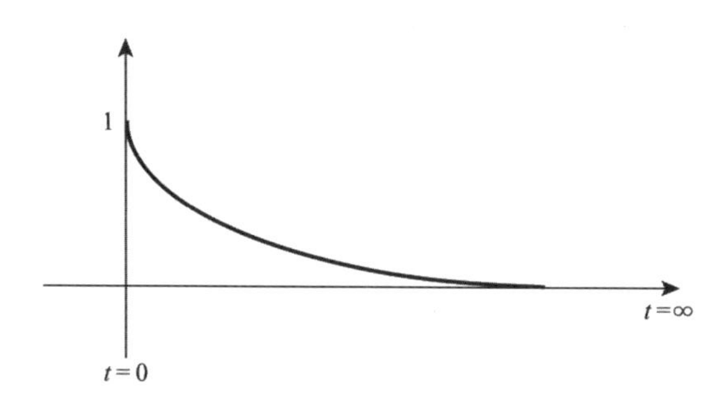

1.5 삼각함수

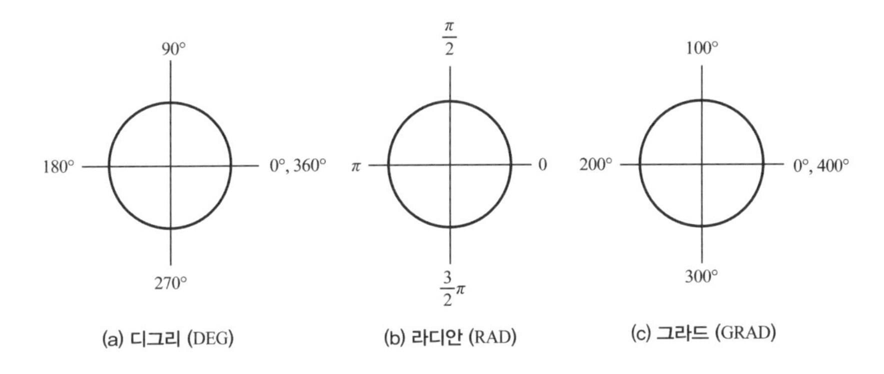

(a) 디그리 (DEG) (b) 라디안 (RAD) (c) 그라드 (GRAD)

1) $\sin^2 A + \cos^2 A = 1$

2) $\sin(A \pm B) = \sin A \cos B \pm \cos A \sin B$ **(복호동순)**

3) $\cos(A \pm B) = \cos A \cos B \mp \sin A \sin B$ **(복호역순)**

예 $\mathcal{L}[\cos(10t - 30°)\, u(t)]$

풀이 $\mathcal{L}[\cos 10t \cdot \cos 30° + \sin 10t \cdot \sin 30°]$ ($\cos 30° = \frac{\sqrt{3}}{2}$, $\sin 30° = \frac{1}{2}$)

$$= \frac{\sqrt{3}}{2} \cdot \frac{s}{s^2 + 10^2} + \frac{1}{2} \cdot \frac{10}{s^2 + 10^2}$$

$$= \frac{0.866s + 5}{s^2 + 10^2}$$

4) $\sin^2 A = \dfrac{1-\cos 2A}{2}$

증명) $\cos(A+A) = \cos A \cos A - \sin A \cdot \sin A$

$$\therefore \cos 2A = \cos^2 A - \sin^2 A = (1-\sin^2 A) - \sin^2 A$$

$$\cos 2A = 1 - 2\sin^2 A$$

$$\sin^2 A = \frac{1-\cos 2A}{2}$$

예 $\mathcal{L}[\sin^2 t] = \mathcal{L}\left[\dfrac{1-\cos 2t}{2}\right]$

$$= \frac{1}{2}\left(\frac{1}{S} - \frac{S}{S^2+2^2}\right)$$

$$= \frac{1}{2S} - \frac{S}{2(S^2+4)}$$

5) $\cos^2 A = \dfrac{1+\cos 2A}{2}$

6) $\tan A = \dfrac{\sin A}{\cos A}$

증명)

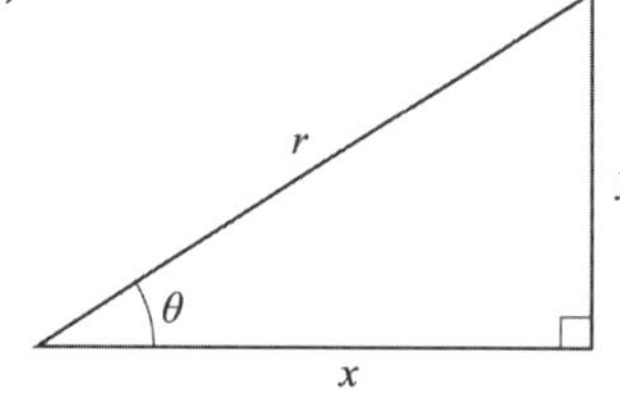

$$\tan\theta = \frac{y}{x}$$

$$= \frac{\frac{y}{r}}{\frac{x}{r}} = \frac{\sin\theta}{\cos\theta}$$

예 $Q_c = P(\tan\theta_1 - \tan\theta_2)$

$$= P\left(\frac{\sin\theta_1}{\cos\theta_1} - \frac{\sin\theta_2}{\cos\theta_2}\right)$$

7) 삼각함수의 정리

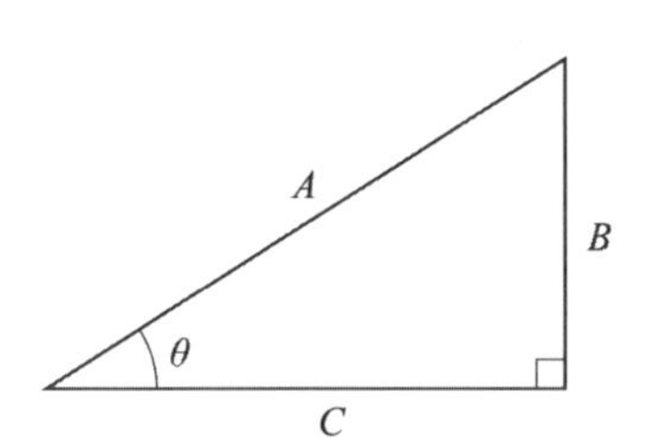

- $\sin\theta = \dfrac{B}{A}$
- $\cos\theta = \dfrac{C}{A}$
- $\tan\theta = \dfrac{B}{C}$

$\theta = \dfrac{1}{\tan} \cdot \dfrac{B}{C} = \tan^{-1}\dfrac{B}{C}$

cf) $\dfrac{1}{2} = 2^{-1},\ \dfrac{1}{x} = x^{-1},\ \dfrac{1}{10} = 10^{-1}$

- 특수각의 도수법 환산(호도법$\times \dfrac{180}{\pi}$ = 도수법)

$2\pi = 360°$　　$\pi = 180°$　　$\dfrac{3}{2}\pi = 270°$

$\dfrac{\pi}{2} = 90°$　　$\dfrac{\pi}{3} = 60°$

$\dfrac{\pi}{4} = 45°$　　$\dfrac{\pi}{6} = 30°$

- 특수각의 삼각함수값

$\sin(-30°) = -\sin 30°$

$\cos(-30°) = \cos 30°$

$\tan(-30°) = -\tan 30°$

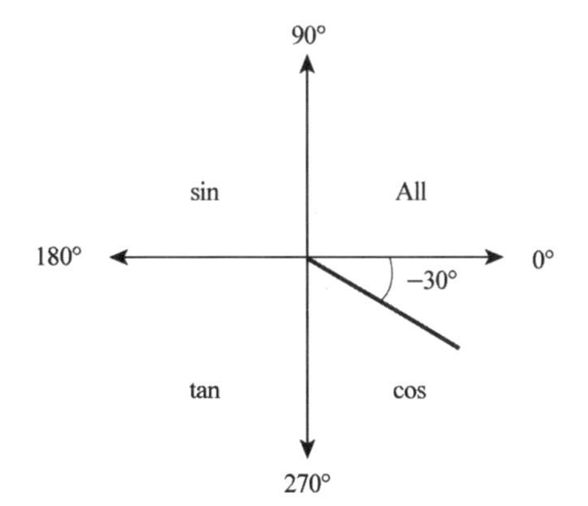

8) 피타고라스의 정리

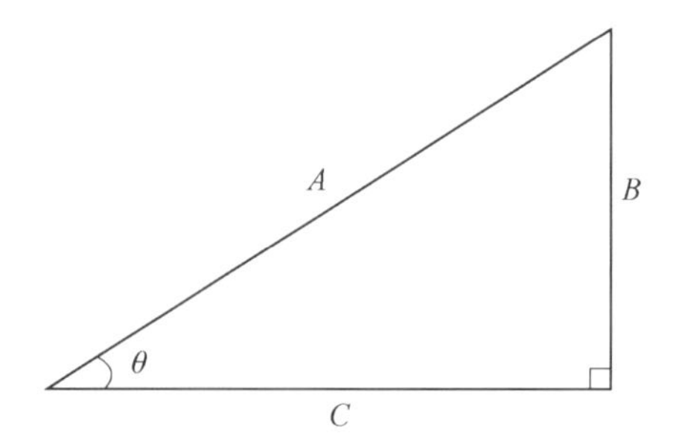

예 빗변의 길이 x를 구하라.

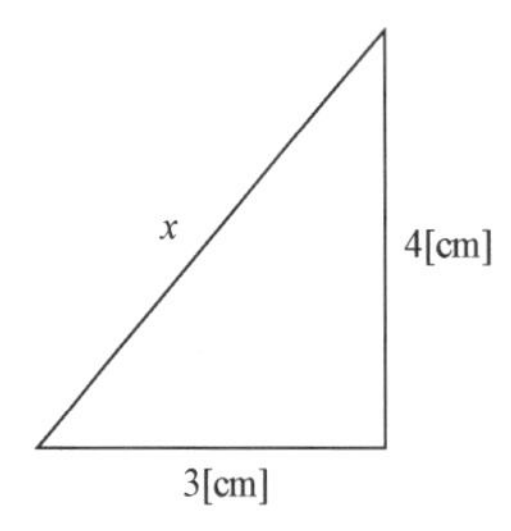

$$A^2 = B^2 + C^2$$

풀이 $x = \sqrt{3^2 + 4^2} = \sqrt{25} = 5\,[\mathrm{cm}]$

$$\therefore\ A = \sqrt{B^2 + C^2}$$

1.6 지수법칙과 거듭제곱근의 성질

1) 지수법칙 : m, n은 자연수

① $a^m \cdot a^n = a^{m+n}$ 예 $x^3 \times x^2 = x^{3+2} = x^5$

② $a^m \div a^n = a^{m-n}$ 예 $x^3 \div x^2 = x^{3-2} = x^1 = x$

③ $(a^m)^n = a^{m \cdot n}$ 예 $(10^3)^2 = 10^{3\times 2} = 10^6$

④ $(ab)^n = a^n \cdot b^n$ 예 $6^2 = (2\times 3)^2 = 2^2 \cdot 3^2$

⑤ $\left(\dfrac{a}{b}\right)^n = \dfrac{a^n}{b^n}$ 예 $\left(\dfrac{2}{3}\right)^2 = \dfrac{2^2}{3^2} = \dfrac{4}{9}$

2) 지수의 확장

① $a^0 = 1$ 예 $10^0 = 1$

② $a^{-n} = \dfrac{1}{a^n}$ 예 $10^{-3} = \dfrac{1}{10^3}$

③ $a^{\frac{n}{m}} = \sqrt[m]{a^n}$ 예 $10^{\frac{2}{3}} = \sqrt[3]{10^2}$

3) 거듭제곱근

① $\sqrt[n]{a} \cdot \sqrt[n]{b} = \sqrt[n]{ab}$

예 $\sqrt[3]{10} \cdot \sqrt[3]{6} = \sqrt[3]{60}$

② $\dfrac{\sqrt[n]{a}}{\sqrt[n]{b}} = \sqrt[n]{\dfrac{a}{b}}$

예 $\dfrac{\sqrt[3]{10}}{\sqrt[3]{6}} = \sqrt[3]{\dfrac{10}{6}} = \sqrt[3]{\dfrac{5}{3}}$

③ $(\sqrt[n]{a})^m = \sqrt[n]{a^m}$

예 $(\sqrt[3]{10})^2 = \sqrt[3]{10^2}$

④ $\sqrt[m]{\sqrt[n]{a}} = \sqrt[n]{\sqrt[m]{a}} = \sqrt[m \cdot n]{a}$

예 $\sqrt[3]{\sqrt[2]{10}} = \sqrt[2]{\sqrt[3]{10}} = \sqrt[2\times 3]{10} = \sqrt[6]{10}$

⑤ $x^a \cdot x^{-a} = x^0 = 1$

예 $10^3 \cdot 10^{-3} = 10^{3-3} = 10^0 = 1$

1.7 미분과 적분

1) 미분(기울기)

$$y = x^n$$

$$\frac{dy}{dx} = \frac{dx^n}{dx} = y' = (x^n)'$$

$$= n \cdot x^{n-1}$$

예 $\frac{dx^2}{dx} = 2x^{2-1} = 2x^1 = 2x$

$\frac{d2x}{dx} = 2 \cdot 1 \cdot x^{1-1} = 2x^0 = 2$

$\frac{d2}{dx}$ = 상수를 미분하면 항상 '0'

예 직선의 기울기

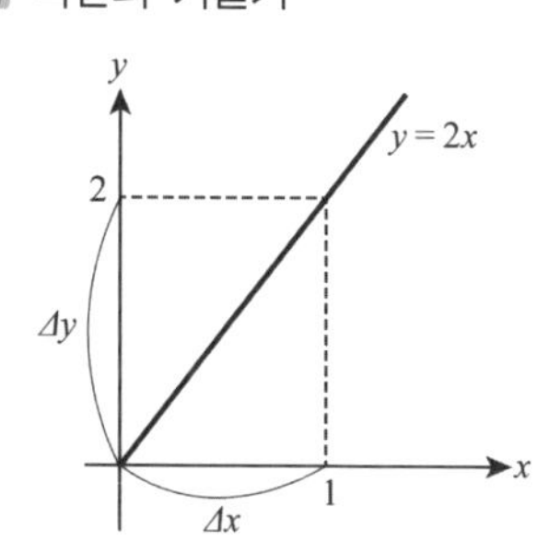

① $\frac{y\text{변화분}}{x\text{변화분}} = \frac{\Delta y}{\Delta x} = \frac{2}{1} = 2$

② $\frac{dy}{dx} = \frac{d2x}{dx} = 2$

예 대각선의 기울기

$$\frac{dV}{dx}i \quad + \quad \frac{dV}{dy}j \quad + \quad \frac{dV}{dz}k$$

└ x축에 관한 기울기 └ y축에 관한 기울기 └ z축에 관한 기울기

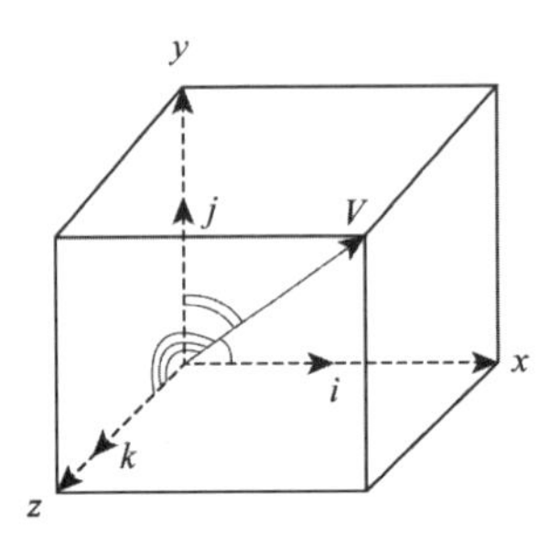

cf) $\dot{A} = (1,\ 2,\ 3)$

$i,\ j,\ k$: 단위방향벡터

$\therefore\ \dot{A} = 1i + 2j + 3k$

❶ 덧셈의 미분 (다루다루)

미 분 : $\dfrac{d(x^2+y^2+z^2)}{dx} = ⓶ⓧ + ⊗ + ⊗$ → 미분 불가능

편미분

$$\frac{\partial(x^2+y^2+z^2)}{\partial x} = \textcircled{2x} + \textcircled{0} + \textcircled{0} = 2x$$

p·s) $\dfrac{\partial(x^2+2^2+3^2)}{\partial x} = \textcircled{2x} + \textcircled{0} + \textcircled{0} = 2x$

$$\frac{\partial(x^2+y^2+z^2)}{\partial y} = \textcircled{0} + \textcircled{2y} + \textcircled{0} = 2y$$

$$\frac{\partial(x^2+y^2+z^2)}{\partial z} = \textcircled{0} + \textcircled{0} + \textcircled{2z} = 2z$$

❷ 곱셈의 미분 (동째루)

- $\dfrac{\partial(x \cdot y \cdot z)}{\partial x} = y \cdot z$

  p·s) $\dfrac{\partial(x \cdot 2 \cdot 3)}{\partial x} = 2 \cdot 3 = 6$

- $\dfrac{\partial(x \cdot y \cdot z)}{\partial y} = x \cdot z$

- $\dfrac{\partial(x \cdot y \cdot z)}{\partial z} = x \cdot y$

test

① $\dfrac{\partial(x^2 \cdot y^2 \cdot z^2)}{\partial x} =$

② $\dfrac{\partial(x^2 \cdot y^2 \cdot z^2)}{\partial y} =$

③ $\dfrac{\partial(x^2 \cdot y^2 \cdot z^2)}{\partial z} =$

④ $\dfrac{\partial(x^2 + y^2 + z^2 + xyz)}{\partial x} =$

⑤ $\dfrac{\partial(y^3 + xy + 10)}{\partial y} =$

⑥ $\dfrac{\partial(x^3y^3 + x^3y + xy + 10^2)}{\partial z} =$

❸ 삼각함수의 미분 →(코)싸인을 (미)분하면 (마)이너스 (사)인이 된다.

(코미마사)

- $\frac{\partial \sin t}{\partial t} = \cos t$

- $\frac{\partial \cos t}{\partial t} = -\sin t$

- $\frac{\partial \sin\omega t}{\partial t} = \frac{\partial \omega t}{\partial t} cos\omega t = \omega\cos\omega t$

  cf) $\frac{\partial \omega t}{\partial t}$ 에서 ω는 상수 취급 $\therefore \frac{\partial \omega t}{\partial t} = \omega$

- $\frac{\partial \cos\omega t}{\partial t} = -\frac{\partial \omega t}{\partial t}\sin\omega t = -\omega\sin\omega t$

예 간격 d, 유전율 ϵ, $V = V_m\sin\omega t[\mathrm{V}]$일 때 변위 전류밀도 $i_d[\mathrm{A/m^2}]$

$$i_d = \frac{\partial D}{\partial t} = \frac{\epsilon}{d}\frac{\partial}{\partial t}V = \frac{\epsilon}{d}\frac{\partial}{\partial t}(V_m\sin\omega t)$$

$$= \frac{\epsilon}{d} \cdot V_m\frac{\partial \omega t}{\partial t}\cos\omega t = \frac{\epsilon}{d} \cdot \omega \cdot V_m\cos\omega t[\mathrm{A/m^2}]$$

예 간격 d, 유전율 ϵ, $V = V_m\cos\omega t[\mathrm{V}]$일 때 $i_d = ?$

$$i_d = \frac{\partial D}{\partial t} = \frac{\epsilon}{d}\frac{\partial}{\partial t}V = \frac{\epsilon}{d}\frac{\partial}{\partial t}(V_m\cos\omega t)$$

$$= -\frac{\epsilon}{d} \cdot V_m\frac{\partial \omega t}{\partial t}\sin\omega t = -\frac{\epsilon}{d} \cdot \omega \cdot V_m\sin\omega t[\mathrm{A/m^2}]$$

2) 적분(면적)

$$\int x^n dx = \frac{1}{n+1} x^{n+1} + C \text{(적분상수)}$$

cf) 미분 $\frac{dy}{dx} = \frac{dx^n}{dx} = n \cdot x^{n-1}$

❶ 부정적분(구간설정이 없다)

- $\int x^2 dx = \frac{1}{2+1} x^{2+1} + C = \frac{1}{3} x^3 + C$

반대개념

- $\frac{d}{dx}\left(\frac{1}{3}x^3 + C\right) = \frac{1}{3} \times 3x^{3-1} = x^2$

❷ 정적분(구간설정이 있다)

$$\int_0^1 x^2 dx = \left[\frac{1}{2+1} x^{2+1}\right]_0^1$$

→ 상한값(결과)

→ 하한값(처음)

$$= \frac{1}{3}\left[x^3\right]_0^1 = \frac{1}{3}(1-0) = \frac{1}{3}$$

예 $\int \frac{1}{x^2} dx = \int x^{-2} dx = \frac{1}{-2+1} \cdot x^{-2+1} = -1 \cdot x^{-1} = -\frac{1}{x}$

예 $\int \frac{1}{x^1} dx = \int x^{-1} dx \quad : \quad \ln x + C$

$\int \frac{1}{y} dy = \int y^{-1} dy \quad : \quad \ln y + C$

cf) $\log_{10} = \log$: 상용로그(전력과목)

$\log_e = \ln$: 자연로그(자기학 과목)

미분공식

❶ $y = x^m$

$$\frac{dy}{dx} = y' = m \cdot x^{m-1}$$

예 $y = x^3$

sol) $y' = 3 \cdot x^{3-1} = 3x^2$

❷ $y = \sin x$

$y' = + \cos x$

❸ $y = \cos x$

$y' = - \sin x$

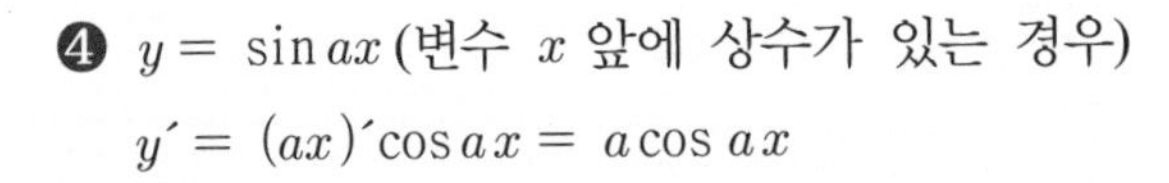

❹ $y = \sin ax$ (변수 x 앞에 상수가 있는 경우)

$y' = (ax)' \cos ax = a \cos ax$

예 다음 그림과 같을 때 C에 흐르는 전류 i 는?

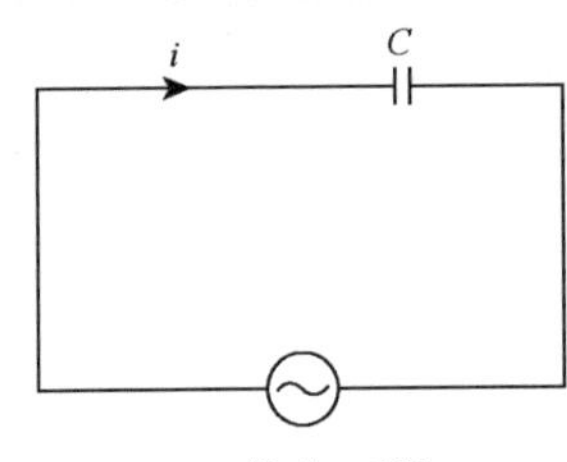

sol) $i = C \cdot \frac{dv}{dt} = C \cdot \frac{d}{dt}(V_m \sin\omega t)$

$$= C V_m \frac{d}{dt} \sin\omega t = (\omega t)' C V_m \cos\omega t$$

$$= \omega C V_m \sin(\omega t + 90°)$$

∴ C만의 회로에서는 전류가 전압보다 위상이 90° 앞선다.

❺ $y = \cos ax$

$y' = -(ax)'\sin ax$

$\therefore\ y' = -a\sin ax$

❻ $y = e^x$

$y' = (x^1)'e^x$ (지수 함수는 그대로)

$= e^x \cdot 1 = e^x$

❼ $y = e^{ax}$

$y' = (ax)'e^{ax}$

$\therefore\ y' = a \cdot e^{ax}$

예 $L = 2$ [H]이고, $i = 20\epsilon^{-2t}$ [A]일 때 L 의 단자전압은?

sol) $v = L\dfrac{di}{dt} = 2 \times 20\ \dfrac{d}{dt}\epsilon^{-2t}$

$= (-2t)' \times 20 \times 2 \times \epsilon^{-2t}$

$= -2 \times 20 \times 2 \times \epsilon^{-2t}$

$= -80\epsilon^{-2t}$ [V]

❽ $y = (a + bx)^m$

$y' = m(a+bx)^{m-1} \cdot (bx)' = m(a+bx)^{m-1} \cdot b$

❾ $y = \log_e x$

$y' = \dfrac{1}{x}$

예 $y = \dfrac{1}{x} = x^{-1}$

$y' = -1 \cdot x^{-1-1} = -1 \cdot x^{-2} = -\dfrac{1}{x^2}$

⑩ $y = \tan x = \dfrac{\sin x}{\cos x}$

$$y' = \frac{\sin x' \cdot \cos x - \sin x \cdot \cos x'}{\cos^2 x}$$

$$= \frac{\cos^2 x + \sin^2 x}{\cos^2 x}$$

$$= \frac{1}{\cos^2 x}$$

예 $y = \dfrac{1}{x}$ 을 미분하면

$$y' = \frac{1' \cdot x - 1 \cdot x'}{x^2}$$

$$= \frac{0 - 1}{x^2} = -\frac{1}{x^2}$$

적분공식

❶ $\int x^n\, dx = \dfrac{x^{n+1}}{n+1}$ (적분상수 제외)

예 $y = 3x^2$을 적분

sol) $\int 3x^2\, dx = \dfrac{3}{2+1} x^{2+1} = x^3$

❷ $\int \sin x\, dx = -\cos x$

❸ $\int \cos x\, dx = +\sin x$

❹ $\int \sin ax\, dx$ (변수 x 앞에 상수가 있는 경우) $= -\dfrac{1}{(ax)'} \cos ax$

$= -\dfrac{1}{a} \cos ax$

예 다음 그림과 같을 때 L에 흐르는 전류 i는?

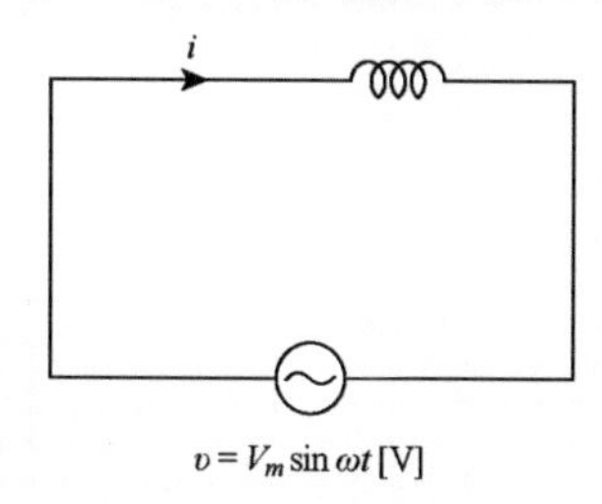

sol) $i = \dfrac{1}{L}\int v\, dt = \dfrac{1}{L}\int (V_m \sin\omega t)\, dt$

$= \dfrac{V_m}{L}\int \sin\omega t\, dt = -\dfrac{V_m}{(\omega t)' L} \cos\omega t$

$= -\dfrac{V_m}{\omega L}\cos\omega t = -\dfrac{V_m}{\omega L}\sin(\omega t + 90°) = \dfrac{V_m}{\omega L}\sin(\omega t - 90°)$

∴ L만의 회로에서는 전류가 전압보다 위상이 90° 뒤진다.

❺ $\int \cos ax\, dx = \frac{1}{(ax)'} \cdot \sin ax = \frac{1}{a}\sin ax$

❻ $\int e^x\, dx = \frac{e^x}{(x)'} = \frac{e^x}{1} = e^x$

❼ $\int e^{ax}\, dx = \frac{1}{(ax)'} \cdot e^{ax} = \frac{1}{a}e^{ax}$

❽ $\int (a+bx)^n\, dx = \frac{1}{n+1}(a+bx)^{n+1} \cdot \frac{1}{(bx)'}$

$$= \frac{(a+bx)^{n+1}}{(n+1)b}$$

❾ $\int \frac{1}{x}\, dx = \ln x$

❿ $\int u\frac{dv}{dx}\, dx = uv - \int \frac{du}{dx} v\, dx$ (부분적분법)

예 $\mathcal{L}[f(t)] = \int_0^\infty f(t) \cdot e^{-st}\, dt$ 이면

$f(t) = t$ 일 때

$$\mathcal{L}[t] = \int_0^\infty t \cdot e^{-st}\, dt = \left[t \cdot \left(-\frac{1}{s}e^{-st}\right)\right]_0^\infty - \int_0^\infty 1 \cdot \left(-\frac{1}{s}e^{-st}\right) dt$$

$$= -\frac{1}{s}\left[\frac{t}{e^{st}}\right]_0^\infty - \int_0^\infty 1 \cdot \left(-\frac{1}{s}e^{-st}\right) dt$$

$$= 0 - \left(-\frac{1}{s}\right)\int e^{-st}\, dt = -\frac{1}{s^2}\left[\frac{1}{e^{st}}\right]_0^\infty$$

$$= -\frac{1}{s^2}\left[0 - \frac{1}{1}\right]$$

$$= \frac{1}{s^2}$$

$\therefore \mathcal{L}[t^n] = \frac{n!}{s^{n+1}} \qquad \mathcal{L}[t] = \frac{1}{s^2}$

1.8 도형

1) 원

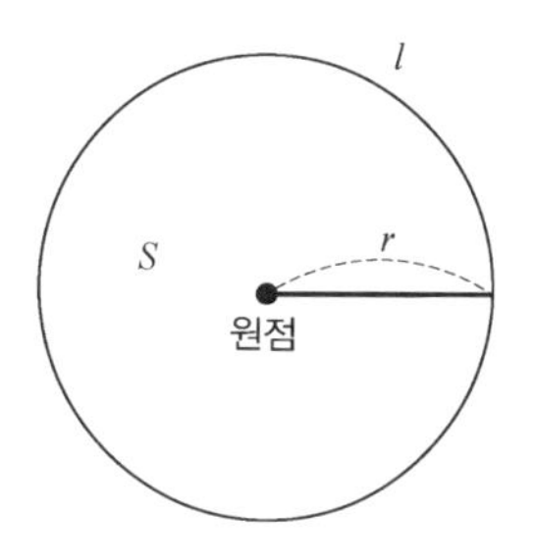

- 원주(원둘레) $\ell = \pi \cdot \text{지름} = \pi \cdot 2r = 2\pi r$
- 넓이 $S = \pi r^2$

예 반지름 3[cm]인 원의 둘레와 넓이는?

풀이 $\ell = 2\pi r = 6\pi$

$S = \pi r^2 = 9\pi$

2) 부채꼴

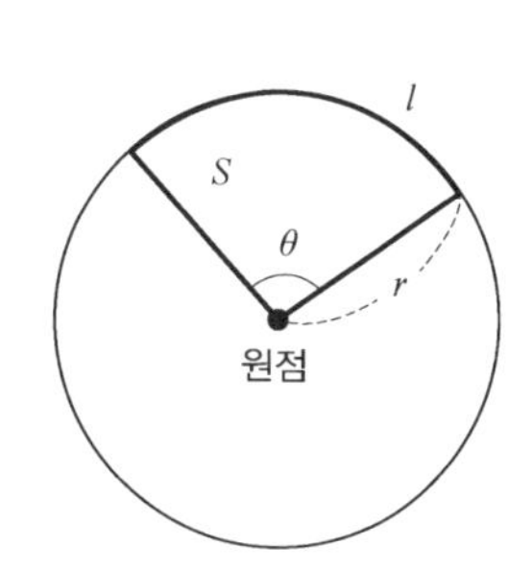

- $\ell = 2\pi r \times \dfrac{\theta}{360}$
- $S = \pi r^2 \times \dfrac{\theta}{360} = \dfrac{r \cdot \ell}{2}$

예 $\ell = 2\pi \times 3 \times \dfrac{50}{360} = 6\pi \times \dfrac{5}{36} = \dfrac{5}{6}\pi$

$S = \pi \times 3^2 \times \dfrac{50}{360} = 9\pi \times \dfrac{5}{36} = \dfrac{15}{13}\pi$

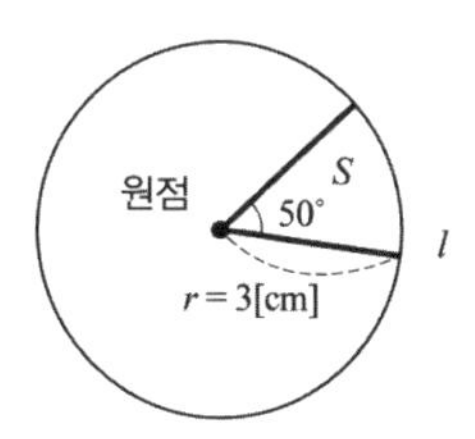

3) 각기둥

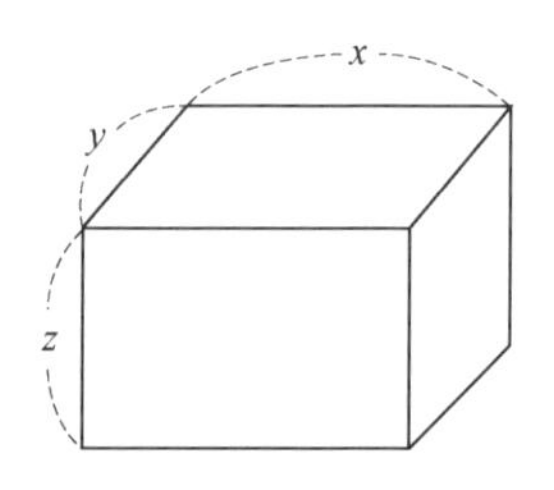

- 겉넓이 = 옆넓이 합 + 밑넓이 $\times 2$

  $= x \cdot z \times 4 + x \cdot y \times 2$
- 부피 = 밑넓이 $\times$ 높이

  $= x \times y \times z$

4) 각뿔의 겉넓이와 부피

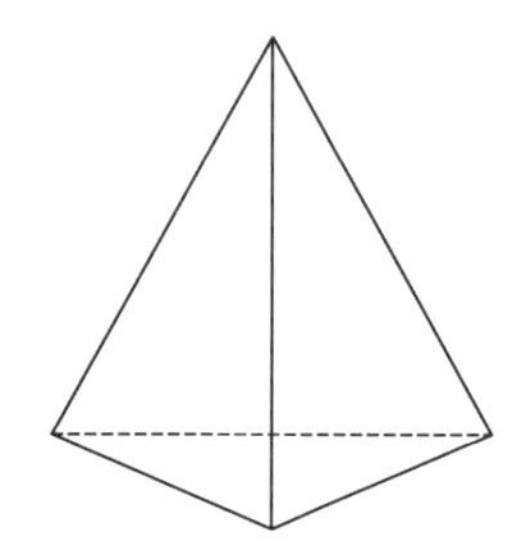

- 겉넓이 = 옆넓이 + 밑넓이
- 부피 $= \frac{1}{3} \times$ (밑넓이) $\times$ (높이)

5) 구의 겉넓이와 부피(구의 반지름 길이가 r일 때)

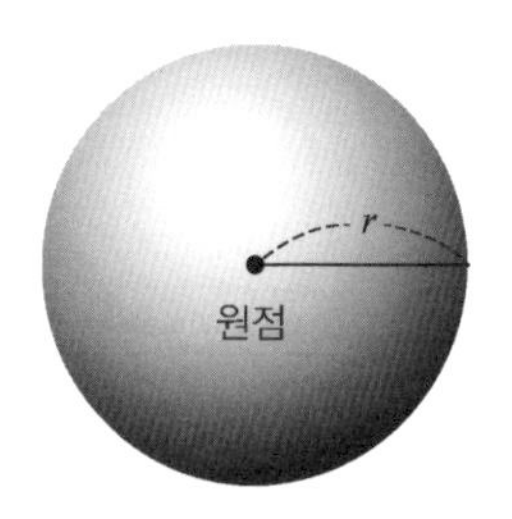

- 겉넓이 $S = 4\pi r^2$
- 부피 $V = \frac{4}{3}\pi r^3 = \frac{1}{3} S \cdot r$

제2장 교류회로의 이해

02 교류회로의 이해

역회로 관계

$$R[\Omega] \Leftrightarrow G[\mho]$$
$$L[H] \Leftrightarrow C[F]$$
$$Z[\Omega] \Leftrightarrow Y[\mho]$$
직렬 ⇔ 병렬
$$V \Leftrightarrow I$$

역회로 관계는 전기기사에서도 계속 나오는 이론이니 꼭 이해하고 암기하세요.

* $I = \dfrac{V}{Z}$[A]에서 Z(임피던스)로의 소자 변환

$R[\Omega]$, i

$L[H]$, i, coil. 유도성

$C[F]$, i, condenser. 용량성

$\pm jX[\Omega]$
- jX_L(유도리액턴스)$= j\omega L = j2\pi f \cdot L[\Omega]$
- $-jX_C$(용량리액턴스)$= -j\dfrac{1}{\omega C} = -j\dfrac{1}{2\pi f C}$

따라서, 각 소자의 Z 변환 결론식은

$R \Rightarrow R$

$L \Rightarrow j\omega L$

$C \Rightarrow \dfrac{1}{j\omega C} = -j\dfrac{1}{\omega C}$ 으로 표현한다.

2.1 정현파 회로

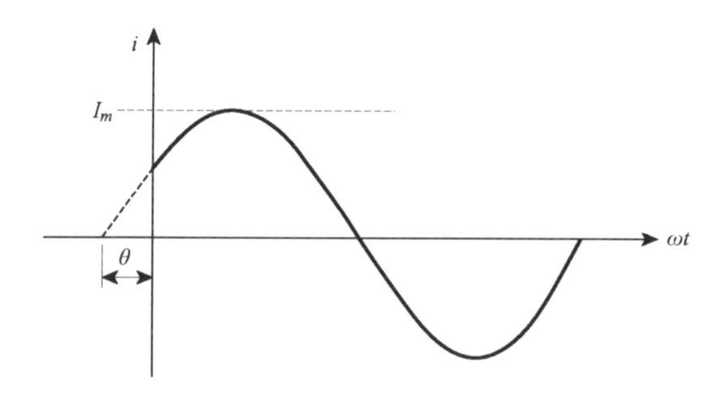

$$i = I_m \sin(\omega t + \theta)$$

여기서, i : 순시값

I_m : 최댓값

ω : 각주파수 $= 2\pi f$

f : 주파수 $\dfrac{1}{T} = \dfrac{\omega}{2\pi}$

θ : 초기위상

1) 실효값과 평균값

- 실효값 $I = \sqrt{\frac{1}{T}\int_0^T i^2 dt}$
- 평균값 $I_a = \frac{1}{T}\int_0^T i\, dt$

  : 가동코일형 계기 지시값

  직류분

  평균면적

파 형	실효값	평균값	파형률	파고율
정 현 파	$\frac{V_m}{\sqrt{2}}$	$\frac{2V_m}{\pi}$	1.11	1.414
정현반파	$\frac{V_m}{2}$	$\frac{V_m}{\pi}$	1.57	2
삼 각 파	$\frac{V_m}{\sqrt{3}}$	$\frac{V_m}{2}$	1.15	1.73
구형반파	$\frac{V_m}{\sqrt{2}}$	$\frac{V_m}{2}$	1.41	1.41
구 형 파	V_m	V_m	1	1

2) 파형률과 파고율

■ 파형률 $= \frac{\text{실효값}}{\text{평균값}}$

예 정현파의 파형률

$$: \frac{\frac{1}{\sqrt{2}} I_m}{\frac{2}{\pi} I_m} = \frac{\pi}{2\sqrt{2}}$$

■ 파고율 $= \frac{\text{최댓값}}{\text{실효값}}$(실효값의 분모값과 같다)

예 파형률, 파고율이 모두 1인 것은?

: 구형파

3) 위상 및 위상차

$$i_1 = I_m \sin(\omega t + 0°)$$

$$i_2 = I_m \sin\left(\omega t + \frac{\pi}{2}\right)$$

$$i_3 = I_m \sin\left(\omega t - \frac{\pi}{2}\right)$$

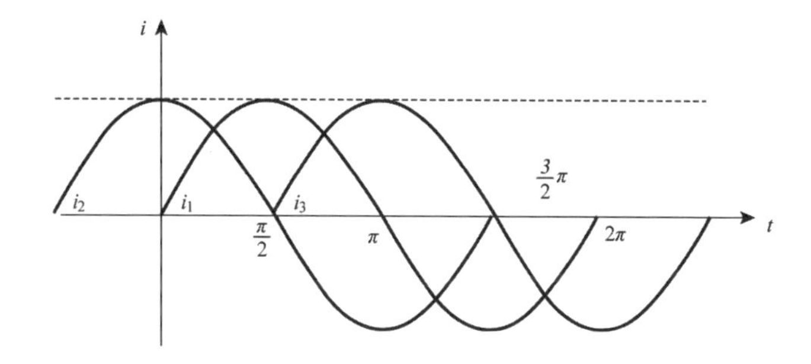

예 $v = 100\sqrt{2}\sin(\omega t + 60°)$

$i = 10\sqrt{2}\sin(\omega t + 30°)$

$\therefore \theta = 60° - 30° = 30°$

예 $v = 100\sqrt{2}\cos(\omega t - 30°)$

$= 100\sqrt{2}\sin(\omega t + 60°)$

$i = 10\sqrt{2}\sin(\omega t + 30°)$

$\therefore \theta = 60° - 30° = 30°$

cf) 교류의 실효값 : 실효값의 물리적은 의미는 그림에서처럼 2개의 물통에 전열기를 넣고, 각각 직류 전압과 교류 전압을 인가한 경우, 발생되는 열량이 같을 때의 교류 전압을 실효값(effective value)이라고 정의한다.

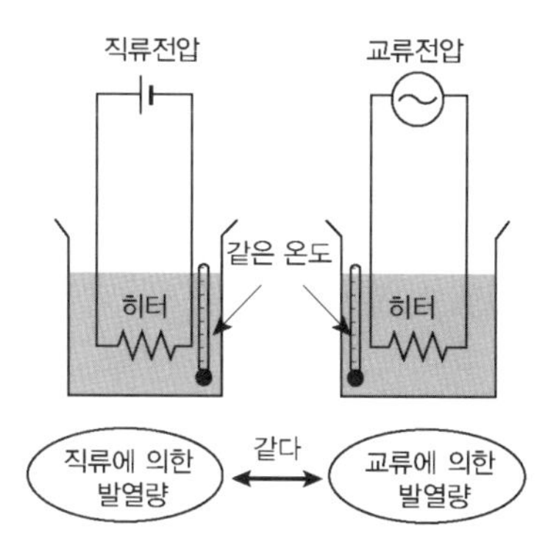

4) 복소수의 계산

$$Z = 3 + j4\,(\text{직각좌표계}) \angle \tan^{-1}\frac{\text{허수}}{\text{실수}}$$

$$= \sqrt{\text{실수}^2 + \text{허수}^2}$$

$$= \sqrt{3^2 + 4^2} \angle \tan^{-1}\frac{4}{3}$$

$= 5 \angle 53.13°$(극좌표) ⇒ 곱셈(×), 나눗셈(÷)에서 주로 사용

$= 5(\cos 53.13° + j \sin 53.13°)$ (삼각함수 좌표)

$= 3 + j4$ ⇒ 덧셈(+), 뺄셈(−)에서 주로 사용

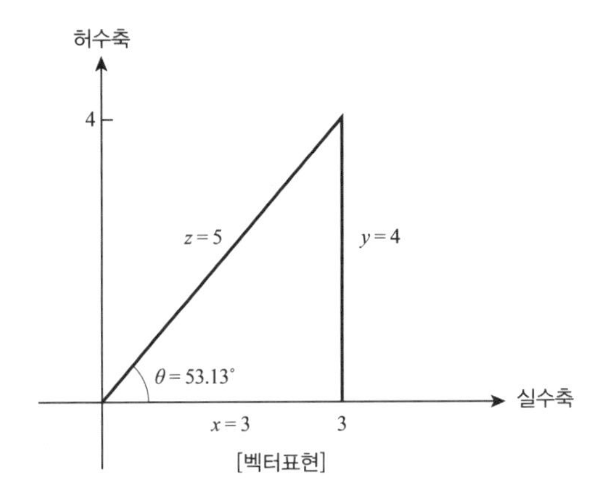

[벡터표현]

예 $Z_1 = 20 \angle 60°$

$Z_2 = 5 \angle 30°$

❶ 곱셈

$$Z_1 \times Z_2 = 20 \times 5 \angle 60° + 30° = 100 \angle 90°$$

❷ 나눗셈

$$\frac{Z_1}{Z_2} = \frac{20}{5} \angle 60° - 30° = 4 \angle 30°$$

01

그림과 같은 파형의 순시값[V]은?

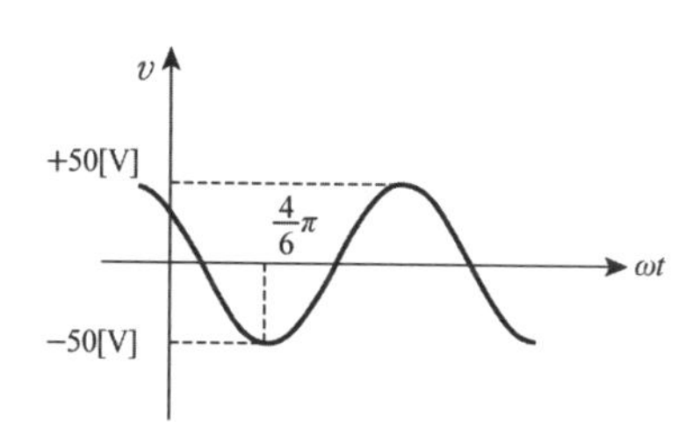

① $70.70\cos\left(\omega t+\frac{2\pi}{6}\right)$

② $50\sin\left(\omega t+\frac{5\pi}{6}\right)$

③ $70.70\sin\left(\omega t+\frac{2\pi}{6}\right)$

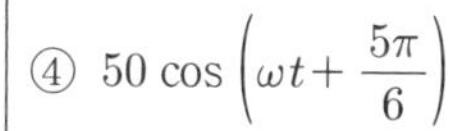

④ $50\cos\left(\omega t+\frac{5\pi}{6}\right)$

02

$v=141\sin\left(377t-\frac{\pi}{6}\right)$인 파형의 주파수[Hz]는?

① 377
② 100
③ 60
④ 50

03

2개의 교류 전압 $v_1 = 100\sin\left(377t + \frac{\pi}{6}\right)$[V]와 $v_2 = 100\sqrt{2}\sin\left(377t + \frac{\pi}{3}\right)$[V]가 있다. 옳게 표시된 것은?

① v_1과 v_2의 주기는 모두 1/60[s]이다.

② v_1과 v_2의 주파수는 377[Hz]이다.

③ v_1과 v_2는 동상이다.

④ v_1과 v_2의 실효값은 100[V], $100\sqrt{2}$[V]이다.

04

정현파 교류의 실효값을 구하는 식이 잘못된 것은?

① $\sqrt{\frac{1}{T}\int_0^T i^2\,dt}$

② 파고율×평균값

③ $\frac{\text{최댓값}}{\sqrt{2}}$

④ $\frac{\pi}{2\sqrt{2}}\times$평균값

05

어떤 정현파 전압의 평균값이 191[V]이면 최댓값[V]은?

① 약 150

② 약 250

③ 약 300

④ 약 400

06

그림과 같은 주기 전압파에서 $t = 0$ 에서 0.02[s] 사이에는

$$v = 5 \times 10^4 (t - 0.02)^2$$

으로 표시되고 0.02[s]에서부터 0.04[s]까지는 $v = 0$ 이다. 전압의 평균값은 약 얼마인가?

① 2.2
② 3.3
③ 4
④ 5.5

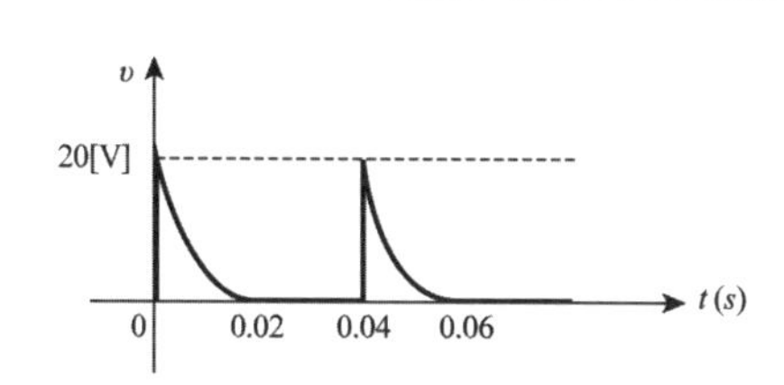

07

파고율의 관계식이 바르게 표시된 것은?

① $\frac{\text{최댓값}}{\text{실효값}}$
② $\frac{\text{실효값}}{\text{최댓값}}$
③ $\frac{\text{평균값}}{\text{실효값}}$
④ $\frac{\text{실효값}}{\text{평균값}}$

08

파형의 파형률값이 잘못된 것은?

① 정현파의 파형률은 1.414이다.
② 톱니파의 파형률은 1.155이다.
③ 전파 정류파의 파형률은 1.11이다.
④ 반파 정류파의 파형률은 1.571이다.

09

어떤 회로에 $i=10\sin\left(314t-\frac{\pi}{6}\right)$의 전류가 흐른다. 이를 복소수로 표시하면?

① $6.12-j3.5$
② $17.32-j5$
③ $3.54-j6.12$
④ $5-j17.32$

10

$A_1=20\left(\cos\frac{\pi}{3}+j\sin\frac{\pi}{3}\right)$, $A_2=5\left(\cos\frac{\pi}{6}+j\sin\frac{\pi}{6}\right)$로 표시되는 두 벡터가 있다. $A_3=\frac{A_1}{A_2}$의 값은 얼마인가?

① $A_3=10\left(\cos\frac{\pi}{3}+j\sin\frac{\pi}{3}\right)$[A]
② $A_3=10\left(\cos\frac{\pi}{3}-j\sin\frac{\pi}{3}\right)$[A]
③ $A_3=4\left(\cos\frac{\pi}{3}+j\sin\frac{\pi}{3}\right)$[A]
④ $A_3=4\left(\cos\frac{\pi}{6}+j\sin\frac{\pi}{6}\right)$[A]

11

어떤 회로의 전압 및 전류의 순시값이 $v=200\sin 314t$[V], $i=10\sin\left(314t-\frac{\pi}{6}\right)$[A]일 때, 이 회로의 임피던스를 복소수[Ω]로 표시하면?

① $17.32+j12$
② $16.30+j11$
③ $17.32+j10$
④ $18.30+j9$

12

어떤 회로의 전압 및 전류가 $E=10\angle 60°$[V], $I=5\angle 30°$[A]일 때 회로도의 임피던스 Z[Ω]는?

① $\sqrt{3}+j$
② $\sqrt{3}-j$
③ $1+j\sqrt{3}$
④ $1-j\sqrt{3}$

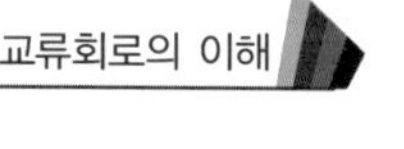

01 전압 파형의 $\omega t < 0$인 부분을 그려 보면 그림과 같다.

정현파의 순시값 기본식 $v = V_m \sin(\omega t + \theta)$ 에서 $V_m = 50\,[\text{V}]$, $\theta = \dfrac{5\pi}{6}$

$\therefore\ v = 50\sin\left(\omega t + \dfrac{5\pi}{6}\right)$

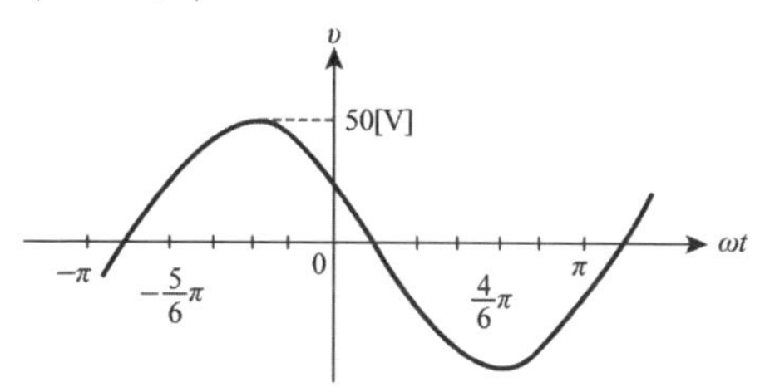

답 ②

02 $e = 141.4\sin\left(377t - \dfrac{\pi}{6}\right) = 100\sqrt{2}\sin\left(377t - \dfrac{\pi}{6}\right)$

$\omega = 2\pi f$ $\quad f$ ┌ 50Hz = 100π = 314
└ 60Hz = 120π = 377

답 ③

03 $\omega = 2\pi f = 377$에서 $f = \dfrac{377}{2\pi} = 60\ [\text{Hz}]$, 주기 $T = \dfrac{1}{f} = \dfrac{1}{60}\,[\text{sec}]$

답 ①

04 실효값 $\sqrt{\dfrac{1}{T}\displaystyle\int_0^T i^2 dt} = \dfrac{1}{\text{파고율}} \times \text{최댓값} = \text{파형률} \times \text{평균값}$

답 ②

05 $V_a = 191 = \dfrac{2}{\pi} V_m$

$V_m = 191 \times \dfrac{\pi}{2} = 300$

답 ③

06 $V_{ab}=\frac{1}{T}\int_0^{\frac{T}{2}} v\,dt$

$$=\frac{1}{0.04}\int_0^{0.02} 5\times10^4(t-0.02)^2\,dt$$

$$=\frac{5\times10^4}{0.04}\left[\frac{1}{3}(t-0.02)^3\right]_0^{0.02} \fallingdotseq 3.33[\mathrm{V}]$$

답 ②

07

답 ①

08 정현파의 파형률은 1.11이다.

답 ①

09 $I=\frac{10}{\sqrt{2}}\angle-\frac{\pi}{6}=\frac{10}{\sqrt{2}}\left(\cos\frac{\pi}{6}-j\sin\frac{\pi}{6}\right)=6.12-j3.55$

답 ①

10 $A_1=20\left(\cos\frac{\pi}{3}+j\sin\frac{\pi}{3}\right)=20\angle\frac{\pi}{3}$

$$A_2=5\left(\cos\frac{\pi}{6}+j\sin\frac{\pi}{6}\right)=5\angle\frac{\pi}{6}$$

$$\therefore A_3=\frac{A_1}{A_2}=20\angle\frac{\pi}{3}\Big/5\angle\frac{\pi}{6}=4\angle\frac{\pi}{2}-\frac{\pi}{6}=4\angle\frac{\pi}{6}=4\left(\cos\frac{\pi}{6}+j\sin\frac{\pi}{6}\right)$$

답 ④

11 $Z=\frac{V}{I}=\frac{V_m}{I_m}$ 이므로 최댓값에서 Z를 구한다.

$$Z=\frac{200\angle0°}{10\angle-30°}=20\angle30°=20(\cos30°+j\sin30°)$$

$$=20\left(\frac{\sqrt{3}}{2}+j\frac{1}{2}\right)=10\sqrt{3}+j10$$

답 ③

12 $Z=\frac{E}{I}=\frac{10\angle60°}{5\angle30°}=2\angle30°$

$$=2(\cos30°+j\sin30°)=2\left(\frac{\sqrt{3}}{2}+j\frac{1}{2}\right)=\sqrt{3}+j[\Omega]$$

답 ①

2.2 기본 교류회로

1) R만의 회로

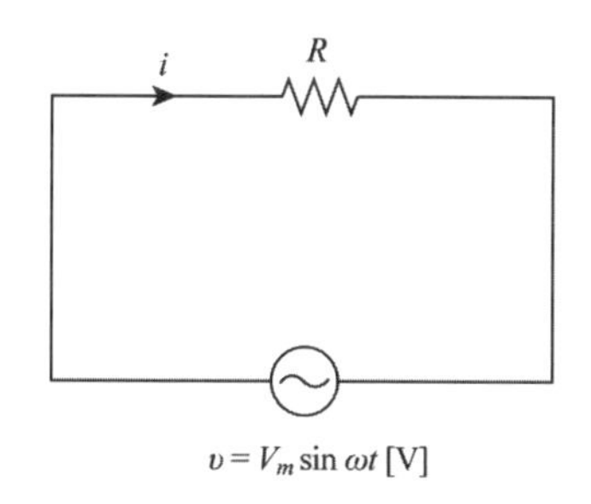

- $i = \dfrac{v}{Z} = \dfrac{v}{R} = \dfrac{V_m \sin\omega t}{R\angle 0°} = \dfrac{V_m}{R}\sin\omega t$ [A]

  ※ 전류와 전압은 동위상

[예제 01]

어떤 회로 소자에 $e = 125\sin 377t$ [V]를 가했을 때 전류 $i = 25\sin 377t$ [A]가 흐른다. 이 소자는 어떤 것인가?

① 다이오드 ② 순저항
③ 유도 리액턴스 ④ 용량 리액턴스

풀이 e와 i는 동위상이므로 저항만의 회로이다.

답 ②

2) L만의 회로

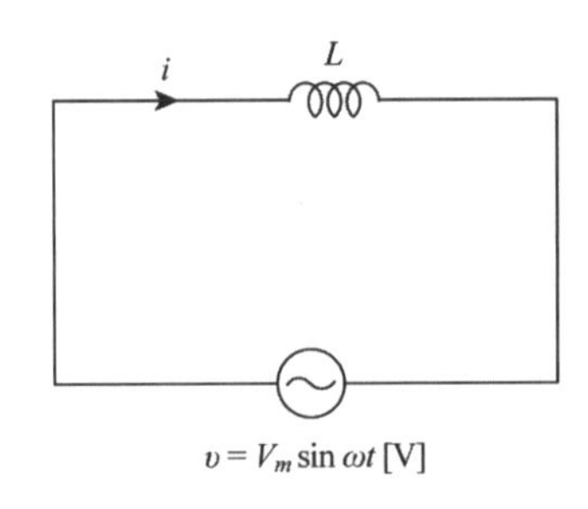

- $Z = j\omega L = \omega L \angle 90°$
- $i = \dfrac{v}{Z} = \dfrac{V_m \sin\omega t}{\omega L \angle 90°} = \dfrac{V_m}{\omega L}\sin(\omega t - 90°)$

※ 전류의 위상은 전압보다 90° 뒤진다.

[예제 02]

어떤 회로에 전압을 가하니 90° 위상이 뒤진 전류가 흘렀다. 이 회로는?

① 저항성분 ② 용량성
③ 무유도성 ④ 유도성

 ④

[예제 03]

314[mH]의 자기 인덕턴스에 120[V], 60[Hz]의 교류전압을 가하였을 때 흐르는 전류[A]는?

① 10 ② 8
③ 1 ④ 0.5

풀이 $L = 314\,[\text{mH}],\ V = 120\,[\text{V}],\ f = 60\,[\text{Hz}]$

$$I = \frac{V}{Z} = \frac{V}{\omega L} = \frac{120}{2\pi \times 60 \times 314 \times 10^{-3}} = 1\,[\text{A}]$$

 ③

3) C만의 회로

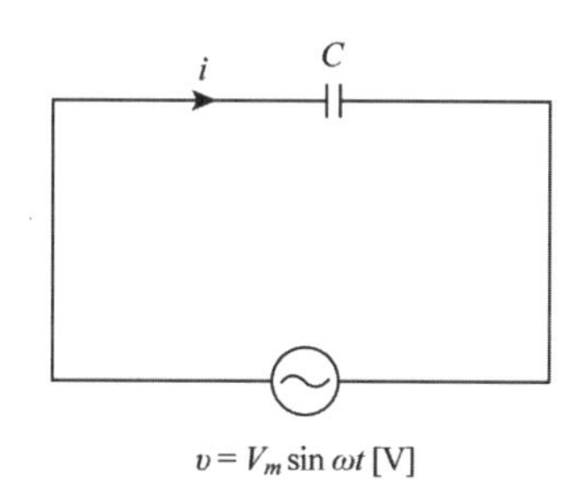

$$Z = \frac{1}{j\omega C} = -j\frac{1}{\omega C} = \frac{1}{\omega C}\angle -90^\circ$$

- $i = \dfrac{v}{Z} = \dfrac{V_m \sin\omega t}{\dfrac{1}{\omega C}\angle -90^\circ} = \omega C V_m \sin(\omega t + 90^\circ)$

  ※ 전류의 위상은 전압보다 90° 앞선다.

[예제 04]

정전용량 C만의 회로에 100[V], 60[Hz]의 교류를 가하니 60[mA]의 전류가 흐른다. C는 얼마인가?

① 5.26[μF]　　② 4.32[μF]
③ 3.59[μF]　　④ 1.59[μF]

풀이 C만의 회로

$V = 100$, $f = 60$, $I = 60\,[\text{mA}]$, $I = \dfrac{V}{Z}$

$$Z = \frac{V}{I} = \frac{1}{\omega C}$$

$$\therefore\ C = \frac{I}{\omega V} = \frac{60\times 10^{-3}}{2\pi\times 60\times 100} = 1.59\,[\mu\text{F}]$$

 ④

4) $R-L$ 직렬회로

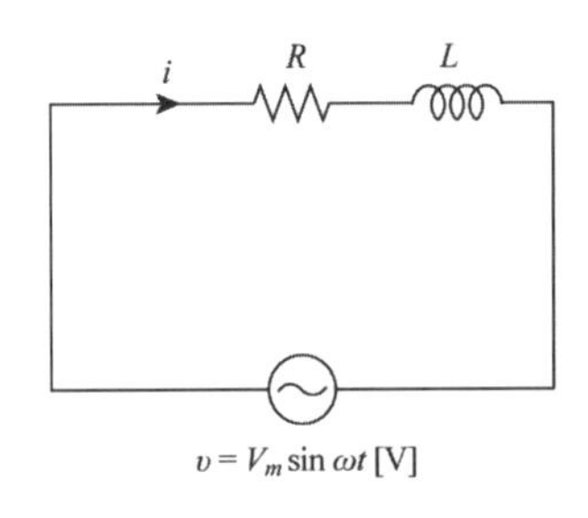

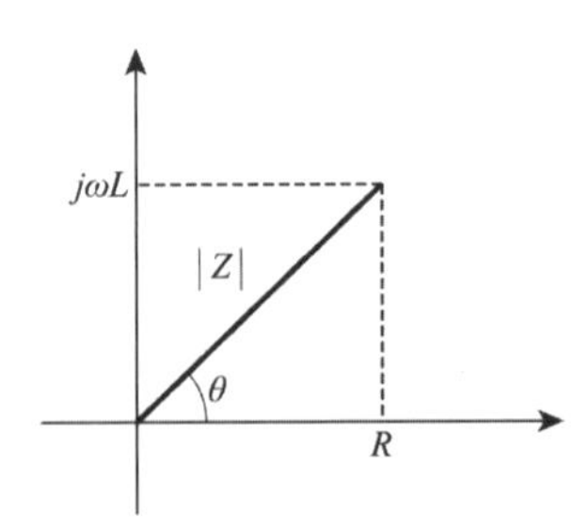

- $Z = R + j\omega L = \sqrt{R^2 + (\omega L)^2} \angle \tan^{-1}\dfrac{\omega L}{R}$

- $i = \dfrac{v}{Z} = \dfrac{V_m \sin\omega t}{\sqrt{R^2 + (\omega L)^2} \angle \tan^{-1}\dfrac{\omega L}{R}}$

  $= \dfrac{V_m}{\sqrt{R^2 + (\omega L)^2}} \sin\left(\omega t - \tan^{-1}\dfrac{\omega L}{R}\right)$

- $\cos\theta = \dfrac{R}{|Z|} = \dfrac{R}{\sqrt{R^2 + (\omega L)^2}} \rightarrow \dfrac{\text{실수}}{\text{임피던스 전체}}$

- $\sin\theta = \dfrac{\omega L}{|Z|} = \dfrac{\omega L}{\sqrt{R^2 + (\omega L)^2}}$

※ 전류의 위상은 $\dfrac{\text{허수}}{\text{실수}}$ 만큼 $\left(\tan^{-1}\dfrac{\omega L}{R}\right)$ 뒤진다.

※ $V = Ri + L\dfrac{di}{dt}$

[예제 05]

저항 20[Ω], 인덕턴스 56[mH]의 직렬회로에 60[Hz], 실효값 141.4[V]의 전압을 가할 때 이 회로 전류의 순시값[A]은?

① 약 $4.86\sin(377t-46°)$ ② 약 $4.86\sin(377t-54°)$
③ 약 $6.9\sin(377t-46°)$ ④ 약 $6.9\sin(377t-54°)$

풀이 $i=I_m\sin(\omega t\pm\theta)\ \theta=\tan^{-1}\dfrac{\omega L}{R}=\tan^{-1}\dfrac{21\cdot1}{20}=46°$

$X_L=\omega L=2\pi\times60\times56\times10^{-3}=21.1[\Omega]$,

V_m(최댓값) $=V$(실효값)$\times\sqrt{2}=141.4\times\sqrt{2}=200[\text{V}]$

$$I_m=\frac{V_m}{Z}=\frac{200}{\sqrt{20^2+21.1^2}}=6.9$$

$\therefore\ i=6.9\sin(377t-46°)$

답 ③

[예제 06]

$R=10[\Omega]$, $L=0.045[\text{H}]$의 직렬회로에 실효값 140[V], 주파수 25[Hz]의 정현파 교류 전압을 가했을 때 임피던스[Ω]의 크기는 얼마인가?

① 17.25 ② 15.31
③ 12.25 ④ 10.41

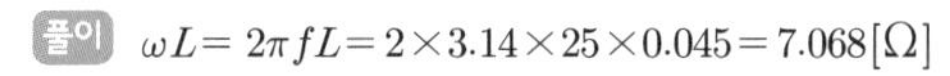

풀이 $\omega L=2\pi fL=2\times3.14\times25\times0.045=7.068[\Omega]$

$\therefore\ Z=\sqrt{R^2+(\omega L)^2}=\sqrt{10^2+7.06^2}=12.25[\Omega]$

답 ③

[예제 07]

저항 R, 리액턴스 X와의 직렬회로에 있어서 $\dfrac{X}{R}=\sqrt{3}$일 때 회로의 역률은?

① $\dfrac{1}{\sqrt{3}}$ ② $\dfrac{1}{2}$
③ $\dfrac{2}{\sqrt{3}}$ ④ $\sqrt{3}$

풀이 $\dfrac{X}{R}=\dfrac{\sqrt{3}}{1}$, $R=1[\Omega]$, $X=\sqrt{3}[\Omega]$

직렬회로일 때 $\cos\theta=\dfrac{R}{\sqrt{R^2+X^2}}=\dfrac{1}{\sqrt{1^2+(\sqrt{3})^2}}=\dfrac{1}{\sqrt{4}}=\dfrac{1}{2}$

답 ②

5) $R-C$ 직렬회로

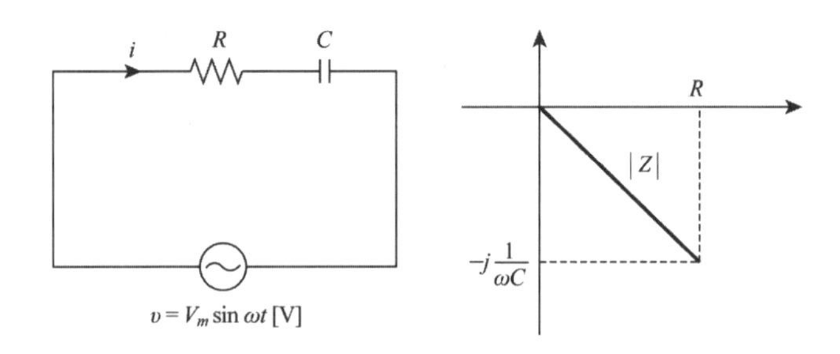

- $Z = R - j\frac{1}{\omega C} = \sqrt{R^2 + \left(\frac{1}{\omega C}\right)^2} = \angle - \tan^{-1}\frac{1}{R\omega C}$

- $i = \frac{v}{Z} = \frac{V_m \sin \omega t}{\sqrt{R^2 + \left(\frac{1}{\omega C}\right)^2} \angle - \tan^{-1}\frac{1}{R\omega C}}$

$$= \frac{V_m}{\sqrt{R^2 + \left(\frac{1}{\omega C}\right)^2}} \sin\left(\omega t + \tan^{-1}\frac{1}{R\omega C}\right)$$

$$\cos\theta = \frac{R}{|Z|} = \frac{R}{\sqrt{R^2 + \left(\frac{1}{\omega C}\right)^2}}$$

$$\sin\theta = \frac{\frac{1}{\omega C}}{|Z|} = \frac{\frac{1}{\omega C}}{\sqrt{R^2 + \left(\frac{1}{\omega C}\right)^2}}$$

※ 전류의 위상은 $\frac{\text{허수}}{\text{실수}}$만큼 $\left(= \tan^{-1}\frac{1}{R\omega C}\right)$ 앞선다.

※ $V = Ri + \frac{1}{C}\int i\, dt$

[예제 08]

$R = 100\,[\Omega]$, $C = 30\,[\mu\text{F}]$의 직렬회로에 $f = 60\,[\text{Hz}]$, $V = 100\,[\text{V}]$의 교류전압을 가할 때 전류[A]는?

① 0.45 ② 0.56

③ 0.75 ④ 0.96

풀이 $R - C$ **직렬**

$$X_c = \frac{1}{\omega C} = \frac{1}{2\pi \times 60 \times 30 \times 10^{-6}} = 88.4\,[\Omega]$$

$$I = \frac{V}{Z} = \frac{V}{\sqrt{R^2 + X_c^2}} = \frac{100}{\sqrt{100^2 + 88.4^2}} = 0.75\,[\text{A}]$$

답 ③

6) R-L-C 직렬회로

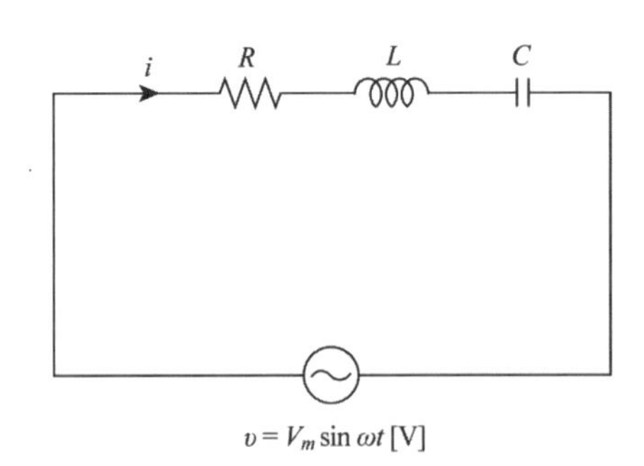

❶ $\omega L > \dfrac{1}{\omega C}$ → 1 상한

❷ $\omega L < \dfrac{1}{\omega C}$ → 4 상한

❸ $\omega L = \dfrac{1}{\omega C}$ → 직렬공진

[조 건] $\omega L > \dfrac{1}{\omega C}$

- $Z = R + j\left(\omega L - \dfrac{1}{\omega C}\right)$

$$= \sqrt{R^2 + \left(\omega L - \frac{1}{\omega C}\right)^2} \angle \tan^{-1} \frac{\omega L - \frac{1}{\omega C}}{R}$$

- $i = \dfrac{v}{Z} = \dfrac{V_m \sin \omega t}{\sqrt{R^2 + \left(\omega L - \frac{1}{\omega C}\right)^2} \angle \tan^{-1} \frac{\omega L - \frac{1}{\omega C}}{R}}$

$$= \frac{V_m}{\sqrt{R^2 + \left(\omega L - \frac{1}{\omega C}\right)^2}} \sin\left(\omega t - \tan^{-1} \frac{\omega L - \frac{1}{\omega C}}{R}\right)$$

- $\cos\theta = \dfrac{R}{|Z|} = \dfrac{R}{\sqrt{R^2 + \left(\omega L - \frac{1}{\omega C}\right)^2}}$

- $\sin\theta = \dfrac{\omega L - \dfrac{1}{\omega C}}{|Z|} = \dfrac{\omega L - \dfrac{1}{\omega C}}{\sqrt{R^2 + \left(\omega L - \dfrac{1}{\omega C}\right)^2}}$

※ 전류가 전압보다 $\tan^{-1}\dfrac{\omega L - \dfrac{1}{\omega C}}{R}$ 만큼 뒤진다.

※ $V = R\,i + L\dfrac{di}{dt} + \dfrac{1}{C}\int i\,dt$

[예제 09]

정현파 교류전원 $e = E_m \sin(\omega t + \theta)$ [V]가 인가된 R, L, C 직렬회로에 있어서 $\omega L > \dfrac{1}{\omega C}$ 일 경우, 이 회로에 흐르는 전류 I[A]는 인가전압 e[V]보다 위상이 어떻게 되는가?

① $\tan^{-1}\dfrac{\omega L - \dfrac{1}{\omega C}}{R}$ 앞선다.
② $\tan^{-1}\dfrac{\omega L - \dfrac{1}{\omega C}}{R}$ 뒤진다.
③ $\tan^{-1} R\left(\dfrac{1}{\omega L} - \omega C\right)$ 앞선다.
④ $\tan^{-1} R\left(\dfrac{1}{\omega L} - \omega C\right)$ 뒤진다.

풀이 $R-L-C$ **직렬**

$\omega L > \dfrac{1}{\omega C}$: 유도성

$\therefore\ \theta = \tan^{-1}\dfrac{\omega L - \dfrac{1}{\omega C}}{R}$ 뒤진다.

답 ②

[예제 10]

그림과 같은 직렬회로에서 각 소자의 전압이 그림과 같다면 a, b 양단에 가한 교류 전압[V]은?

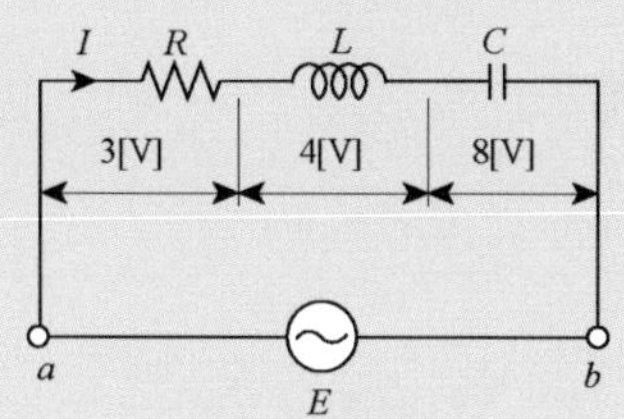

① 2.5
② 7.5
③ 5
④ 10

풀이 $E = E_R + E_L + E_C = \sqrt{E_R^2 + (E_L - E_C)^2} = \sqrt{3^2 + (4-8)^2} = 5$[V]

답 ③

7) R-L 병렬회로

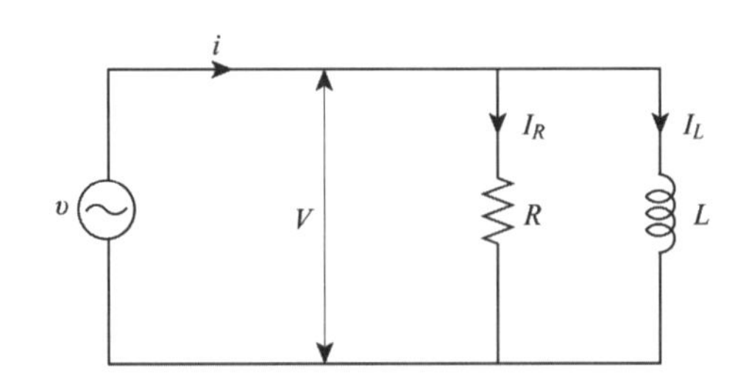

- $\cos\theta = \dfrac{\frac{1}{R}}{|Y|} = \dfrac{\frac{1}{R}}{\sqrt{\left(\frac{1}{R}\right)^2 + \left(\frac{1}{\omega L}\right)^2}} \times \dfrac{R\omega L}{R\omega L} = \dfrac{X_L}{|Z|}$

$= \dfrac{\omega L}{\sqrt{R^2 + \omega L^2}}$

※ 전류 $I = I_R + I_L = \dfrac{V}{R} - j\dfrac{V}{\omega L} = \dfrac{V}{R} - j\dfrac{V}{X_L}$

[예제 11]

저항 R과 리액턴스 X를 병렬로 연결할 때의 역률은?

① $\dfrac{X}{\sqrt{R^2 + X^2}}$　　② $\dfrac{R}{\sqrt{R^2 + X^2}}$

③ $\dfrac{1/X}{\sqrt{R^2 + X^2}}$　　④ $\dfrac{1/R}{\sqrt{R^2 + X^2}}$

풀이 $R-X$ **병렬**

$\cos\theta = \dfrac{X}{|Z|} = \dfrac{X}{\sqrt{R^2 + X^2}}$

답 ①

[예제 12]

저항 3[Ω]과 리액턴스 4[Ω]을 병렬로 연결한 회로에서의 역률은?

① $\frac{3}{5}$ ② $\frac{4}{5}$

③ $\frac{3}{7}$ ④ $\frac{3}{4}$

풀이 $R-X$ **병렬**

$$\cos\theta = \frac{4}{5} = 0.8$$

 ②

[예제 13]

실효치가 12[V]인 정현파에 대하여 도면과 같은 회로에서 전 전류 I는?

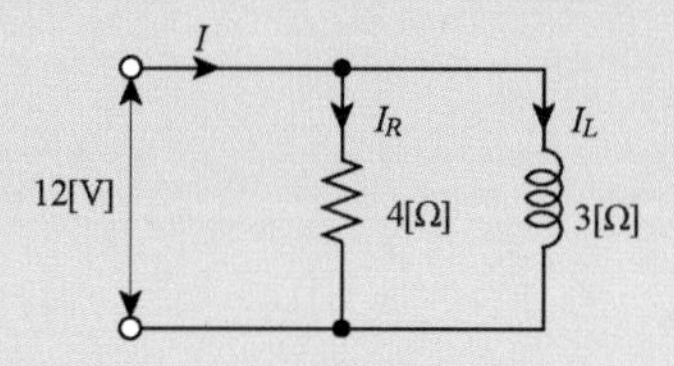

① $3-j4$[A] ② $4+j3$[A]

③ $4-j3$[A] ④ $6+j10$[A]

풀이 $I = I_R + I_L = \frac{V}{R} + \frac{V}{jX_L} = \frac{12}{4} - j\frac{12}{3} = 3-4j$

 ①

8) R-C 병렬회로

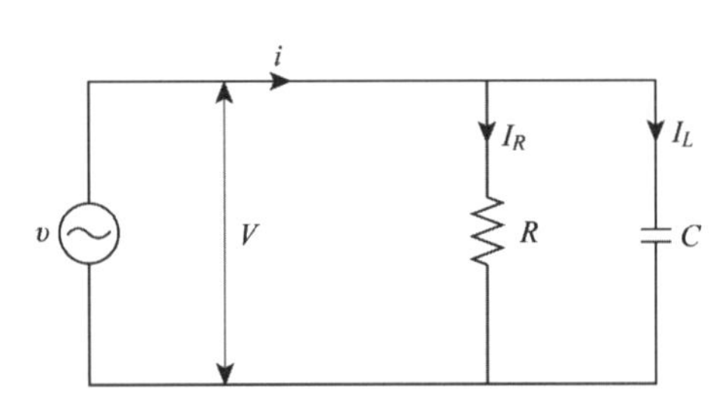

$$\cdot \cos\theta = \frac{X_c}{|Z|} = \frac{\frac{1}{\omega C}}{\sqrt{R^2+\left(\frac{1}{\omega C}\right)^2}} \times \frac{\omega C}{\omega C}$$

$$= \frac{1}{\sqrt{1+(R\omega C)^2}}$$

※ 전류 $I = I_R + I_C = \frac{V}{R} + j\frac{V}{\frac{1}{\omega C}}$

$$= \frac{V}{R} + j\frac{V}{X_C}$$

[예제 14]

그림과 같은 회로의 역률은 얼마인가?

① $1+(\omega RC)^2$

② $\sqrt{1+(\omega RC)^2}$

③ $\frac{1}{\sqrt{1+(\omega RC)^2}}$

④ $\frac{1}{1+(\omega RC)^2}$

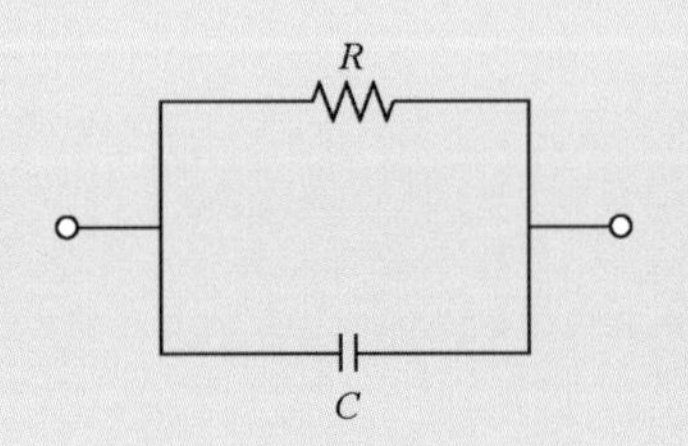

풀이 $R-C$ **병렬**

$$\cos\theta = \frac{X_c}{|Z|} = \frac{\frac{1}{\omega C}}{\sqrt{R^2+\left(\frac{1}{\omega C}\right)^2}} \times \frac{\omega C}{\omega C} = \frac{1}{\sqrt{1+(R\omega C)^2}}$$

답 ③

[예제 15]

저항과 콘덴서를 병렬로 접속한 회로에 직류 100[V]를 가하면 5[A]가 흐르고, 교류 300[V]를 가하면 25[A]가 흐른다. 이 때 용량 리액턴스[Ω]는?

① 7 ② 14

③ 15 ④ 30

풀이 $R-C$ **병렬**

$$D \cdot C \rightarrow R = \frac{V}{I} = \frac{100}{5} = 20\,[\Omega]$$

$$I = I_R + I_C = \frac{V}{R} + \frac{V}{j\,X_c}$$

$$25 = \frac{300}{20} + \frac{300}{jX_c}$$

$$\therefore\ X_c = \frac{60}{4} = 15\,[\Omega]$$

답 ③

9) R-L-C 병렬회로

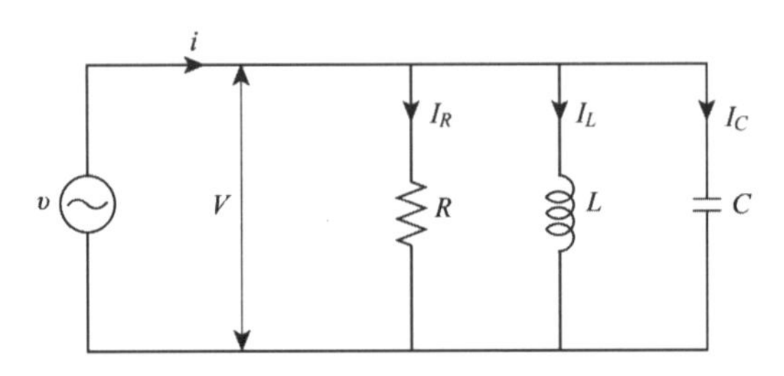

- $Y = Y_1 + Y_2 + Y_3$

$$= \frac{1}{R} - j\frac{1}{\omega L} + j\omega C$$

$$= \frac{1}{R} + j\left(\omega C - \frac{1}{\omega L}\right)$$

- $I = I_R + I_L + I_C$

$$= \frac{V}{R} - j\frac{V}{\omega L} + j\frac{V}{\frac{1}{\omega C}} = \frac{V}{R} + j\left(\frac{V}{X_C} - \frac{V}{X_L}\right)$$

[예제 16]

$R = 15[\Omega]$, $X_L = 12[\Omega]$, $X_C = 30[\Omega]$이 병렬로 접속된 회로에 120[V]의 교류 전압을 가하면 전원에 흐르는 전류와 역률은 각각 얼마인가?

① 22[A], 85[%] ② 22[A], 80[%]
③ 10[A], 60[%] ④ 10[A], 80[%]

풀이 $I_R = \frac{E}{R} = \frac{120}{15} = 8[A]$ $I_L = \frac{E}{jX_L} = \frac{120}{j12} = -j10[A]$

$I_C = \frac{120}{-jX_C} = j\frac{120}{30} = j4[A]$

$\therefore\ I = 8 - j10 + j4 = 8 - j6[A]$

$|I| = \sqrt{8^2 + 6^2} = 10[A]$

역률 $\cos\theta = \frac{I_R}{I} = \frac{8}{10} = 0.8 = 80[\%]$

답 ④

10) 공진

❶ 직렬 공진

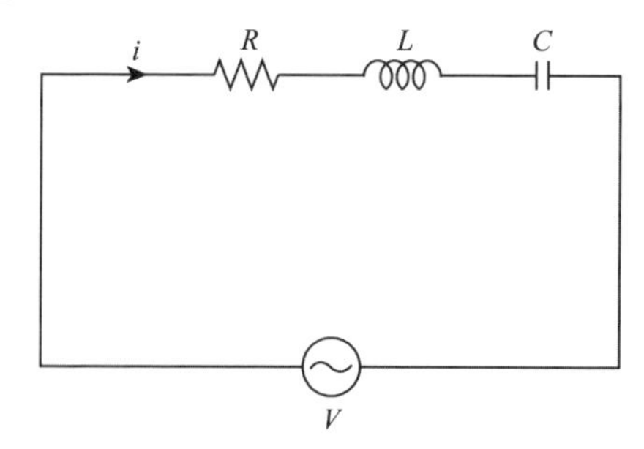

$$Z = R + j\left(\omega L - \frac{1}{\omega C}\right) \quad (\text{공진 : 허수부}=0)$$

$$\omega L = \frac{1}{\omega C}$$

$$\omega^2 LC = 1$$

$$\therefore \ \boldsymbol{C = \frac{1}{\omega^2 L}}$$

$$\therefore \ \omega = \frac{1}{\sqrt{LC}}$$

$$\therefore \ \boldsymbol{f_r = \frac{1}{2\pi\sqrt{LC}}}$$

※ **직렬 공진 조건**

① 전압과 전류가 동상이다.

② 역률이 1이다.

③ 전류가 최대가 된다.

- 주파수와 무관한 조건 ⇒ 공진 조건

◎ 선택도(첨예도, 전압확대비, 저항에 대한 리액턴스비)

$$Q = \frac{f_r}{f_2 - f_1} = \frac{\omega_r}{\omega_2 - \omega_1} = \frac{V_L}{V} = \frac{V_C}{V}$$

$$= \frac{\omega L}{R} = \frac{\frac{1}{\omega C}}{R} = \frac{1}{R\omega C} = \frac{1}{R}\sqrt{\frac{L}{C}}$$

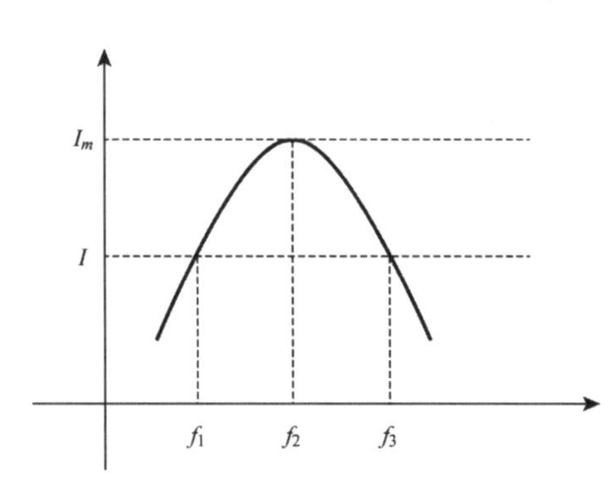

[예제 17]

직렬 공진 회로에서 최대가 되는 것은?

① 전류 ② 저항
③ 리액턴스 ④ 임피던스

답 ①

[예제 18]

공진 회로의 Q가 갖는 물리적 의미와 관계 없는 것은?

① 공진 회로의 저항에 대한 리액턴스의 비
② 공진 곡선의 첨예도
③ 공진시의 전압 확대비
④ 공진 회로에서 에너지 소비 능률

답 ④

[예제 19]

$R-L-C$ 직렬회로에서 L 및 C의 값은 고정시켜 놓고 저항 R의 값만 큰 값으로 변화시킬 때 옳게 설명한 것은?

① 공진 주파수는 커진다.
② 공진 주파수는 작아진다.
③ 공진 주파수는 변화하지 않는다.
④ 이 회로의 Q는 커진다.

풀이 $f_r = \dfrac{1}{2\pi\sqrt{LC}}$

$\therefore$ 공진 주파수는 저항 R과 무관하다.

 ③

[예제 20]

$R=5[\Omega]$, $L=10[\text{mH}]$, $C=1[\mu\text{F}]$의 직렬회로는 공진 주파수 f_r [Hz]는 약 얼마인가?

① 3,181
② 1,820
③ 1,592
④ 1,432

풀이 $f_r = \dfrac{1}{2\pi\sqrt{LC}} = \dfrac{1}{2\pi\sqrt{10\times10^{-3}\times1\times10^{-6}}}$

$= 1591.55$

답 ③

[예제 21]

$R-L-C$ 직렬회로의 선택도 Q는?

① $\sqrt{\dfrac{L}{C}}$
② $\dfrac{1}{R}\sqrt{\dfrac{L}{C}}$
③ $\sqrt{\dfrac{C}{L}}$
④ $R\sqrt{\dfrac{C}{L}}$

 ②

❷ 병렬 공진

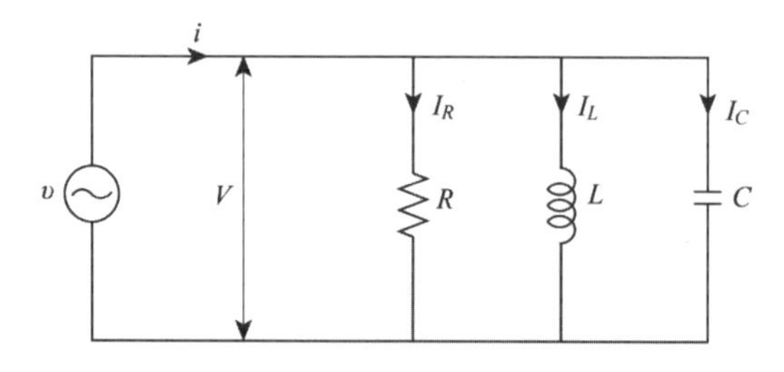

$$Y = \frac{1}{R} + j\left(\omega C - \frac{1}{\omega L}\right) \quad \text{(공진 : 허수부}=0)$$

$$\omega L = \frac{1}{\omega C}$$

$$\omega^2 LC = 1$$

$$\therefore \; C = \frac{1}{\omega^2 L}$$

$$\therefore \; \omega = \frac{1}{\sqrt{LC}}$$

$$\therefore \; f = \frac{1}{2\pi\sqrt{LC}}$$: 직렬 공진주파수와 동일

$$\left(\downarrow I = \frac{V}{Z} = \downarrow Y \cdot V\right)$$

◎ 선택도

$$Q = \frac{f_r}{f_2 - f_1} = \frac{\omega_r}{\omega_2 - \omega_1}$$

$$= \frac{I_L}{I} = \frac{I_C}{I}$$ ⇒ 전압은 일정하기 때문에 I를 비교

$$= \frac{R}{\omega L} = R\omega C = R\sqrt{\frac{C}{L}}$$

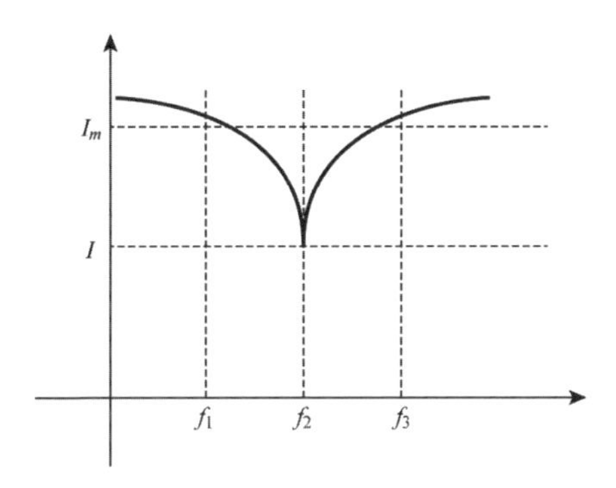

※ **병렬 공진 조건**

① 전압과 전류가 동상이다.

② 역률이 1이다.

③ 전류가 최소가 된다.

[예제 22]

어떤 $R-L-C$ 병렬회로가 병렬 공진되었을 때 합성 전류는?

① 최소가 된다. ② 최대가 된다.
③ 전류는 흐르지 않는다. ④ 전류는 무한대가 된다.

[예제 23]

$R-L-C$ 병렬회로에서 L 및 C의 값을 고정시켜 놓고 저항 R의 값만 큰 값으로 변화시킬 때 옳게 설명한 것은?

① 이 회로의 Q(선택도)는 커진다.
② 공진 주파수는 커진다.
③ 공진 주파수는 변화한다.
④ 공진 주파수는 커지고 선택도는 작아진다.

풀이 **병렬 공진 회로** $Q=R\sqrt{\frac{C}{L}}$

답 ①

[예제 24]

그림과 같은 $R-L-C$ 병렬 공진 회로에 관한 설명 중 옳지 않은 것은?

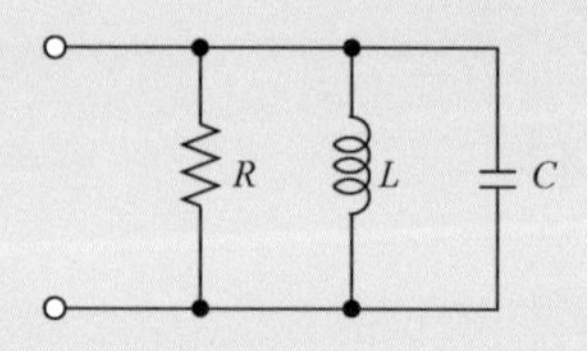

① 공진시 입력 어드미턴스는 매우 작아진다.
② 공진 주파수 이하에서의 입력 전류는 전압보다 위상이 뒤진다.
③ R가 작을수록 Q가 높다.
④ 공진시 L 또는 C를 흐르는 전류는 입력 전류 크기의 Q배가 된다.

풀이 $R-L-C$ 병렬 공진시 $Q=R\sqrt{\frac{C}{L}}$ 이므로 R이 작아지면 Q도 작아진다.

2.3 일반선형회로망

기초정리

❶ 전압원(전압원과 내부저항은 직렬)

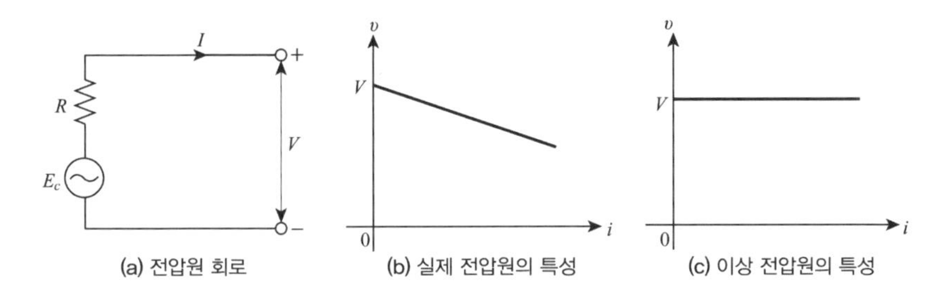

(a) 전압원 회로 (b) 실제 전압원의 특성 (c) 이상 전압원의 특성

※ 이상적인 전압원은 내부저항이 0[Ω]

⇒ 전압원을 제거할 때에는 전압원을 단락(short)시킨다.

❷ 전류원(전류원의 내부저항은 병렬)

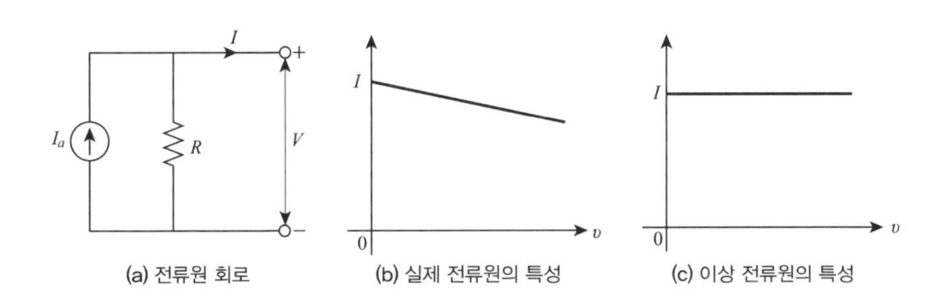

(a) 전류원 회로 (b) 실제 전류원의 특성 (c) 이상 전류원의 특성

※ 이상적인 전류원은 내부저항이 ∞[Ω]

⇒ 전류원을 제거할 때에는 전류원을 개방(open)시킨다.

❸ 전압원과 전류원

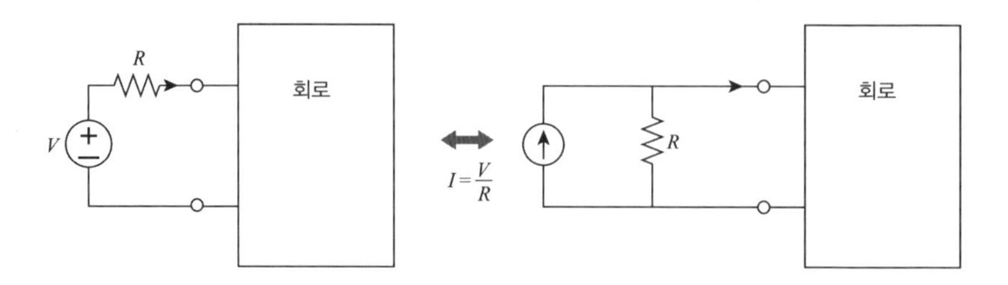

❹ 선형 소자 : 전압과 전류가 변해도 소자 자체에는 변화가 없다. $(R \cdot L \cdot C)$

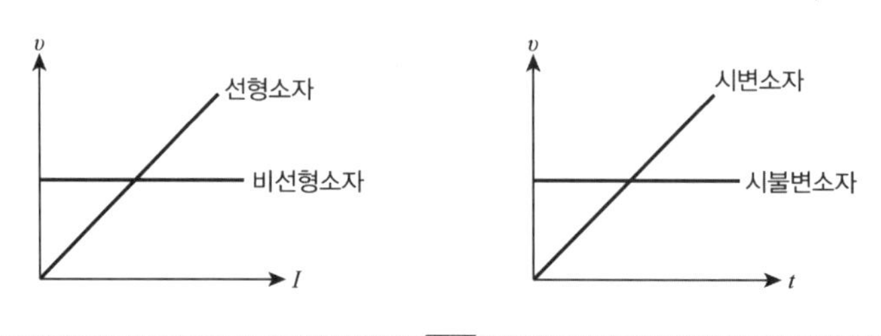

[예제 01]

이상적인 전압 전류원에 관하여 옳은 것은?

① 전압원 내부저항은 ∞이고 전류원의 내부저항은 0이다.
② 전압원의 내부저항은 0이고 전류원의 내부저항은 ∞이다.
③ 전압원, 전류원의 내부저항은 흐르는 전류에 따라 변한다.
④ 전압원의 내부저항은 일정하고 전류원의 내부저항은 일정하지 않다.

답 ②

[예제 02]

그림 (a), (b)와 같은 특성을 갖는 전압원은 다음 중 어느 것에 속하는가?

① 시변, 선형 소자
② 시불변, 선형 소자
③ 시변, 비선형 소자
④ 시불변, 비선형 소자

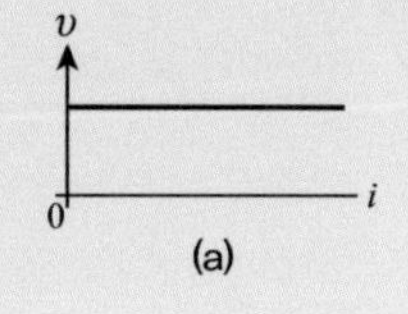

(a)

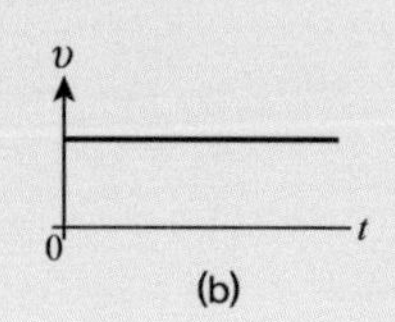

(b)

답 ④

[예제 03]

그림 (a)를 그림 (b)와 같은 등가전류원으로 변환할 때 I와 R은?

① $I=6$, $R=2$
② $I=3$, $R=5$
③ $I=4$, $R=0.5$
④ $I=3$, $R=2$

2[Ω]
6[V]
R
I
(a)
(b)

풀이 $I=\dfrac{V}{R}=\dfrac{6}{2}=3\,[\mathrm{A}]\quad R=2\,[\Omega]$

답 ④

1) 중첩의 원리

전압원 전류원 섞어나오면 중첩의 원리 적용
전압원 또는 전류원이 2개 이상 존재할 경우 각각 단독으로 존재했을 때 흐르는 전류의 합

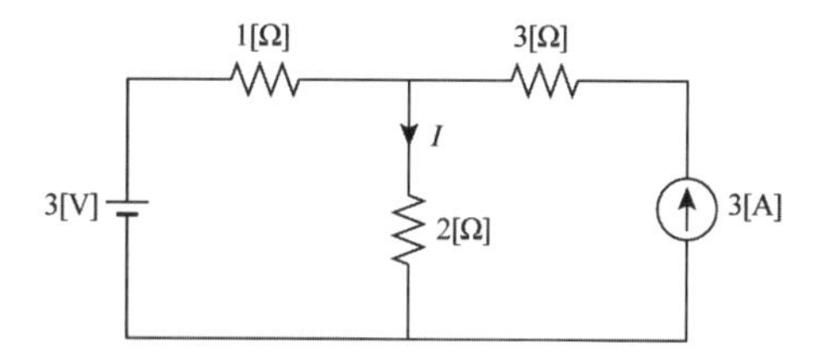

❶ 전류원 개방

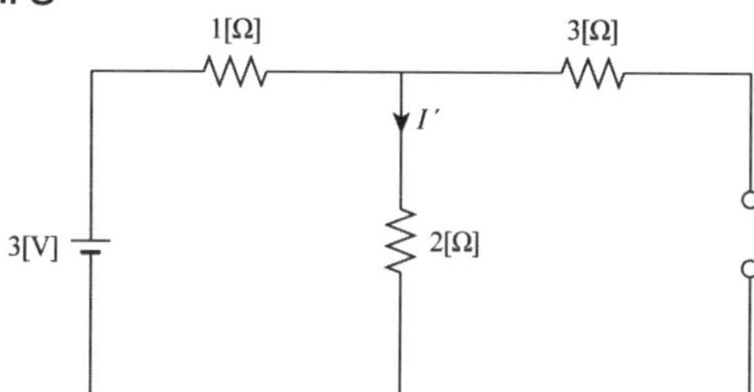

$$I'=\frac{V}{R_0}=\frac{3}{1+2}=1\,[\mathrm{A}]$$

❷ 전압원 단락

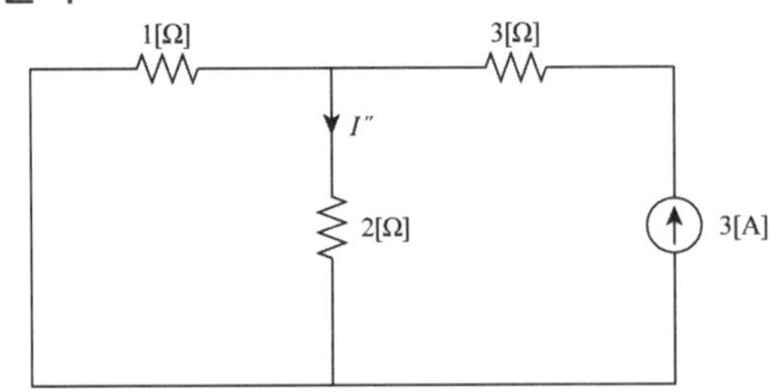

$$I'' = \frac{1}{1+2} \times 3 = 1[A]$$

$$\therefore\ I = I' + I'' = 1 + 1 = 2[A]$$

[예제 04]

선형 회로에 가장 관계가 있는 것은?

① 중첩의 원리 ② 테브난의 정리
③ 키르히호프의 법칙 ④ 패러데이의 전자

풀이 중첩의 원리는 선형 회로에서만 적용된다.

답 ①

[예제 05]

몇 개의 전압원과 전류원이 동시에 존재하는 회로망에 있어서 회로전류는 각 전압원이나 전류원이 각각 단독으로 가해졌을 때 흐르는 전류를 합한 것과 같다는 것은?

① 노튼의 정리 ② 중첩의 원리
③ 키르히호프 법칙 ④ 테브난의 정리

풀이 중첩의 원리 정의

답 ②

[예제 06]

그림과 같은 회로에서 15[Ω]에 흐르는 전류는 몇 [A]인가?

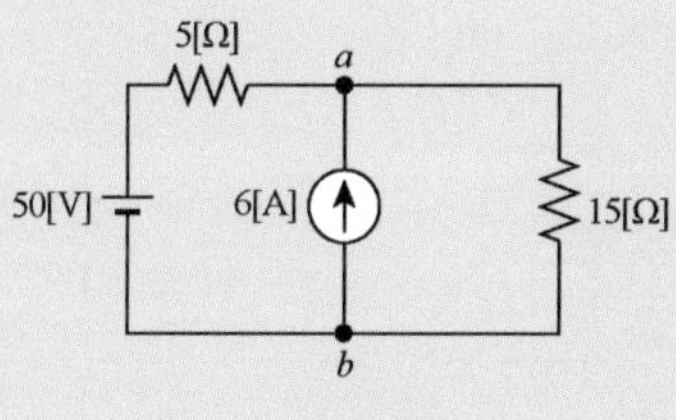

① 0.5 ② 2
③ 4 ④ 6

풀이 1) 전류원 개방 $I' = \frac{50}{5+15} = 2.5$

2) 전압원 단락 $I'' = \frac{5}{5+15} \times 6 = 1.5$

$\therefore\ I = I' + I'' = 2.5 + 1.5 = 4\,[A]$

답 ③

[예제 07]

그림에서 저항 20[Ω]에 흐르는 전류는 몇 [A]인가?

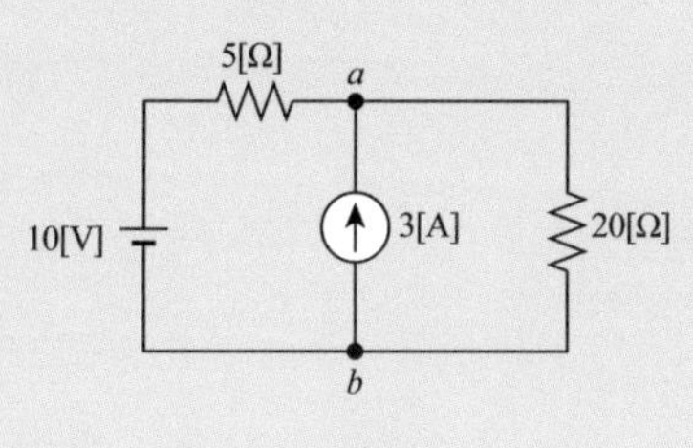

① 0.4 ② 1
③ 3 ④ 3.4

풀이 **중첩의 원리에 의하여**

1) 전류원 개방 10[V]에 의한 전류 : $I' = \frac{10}{5+20} = 0.4\,[A]$

2) 전압원 단락 3[A]에 의한 전류 : $I'' = \frac{5}{5+20} \times 3 = 0.6\,[A]$

$\therefore\ I = I' + I'' = 0.4 + 0.6 = 1.0\,[A]$

답 ②

[예제 08]

그림과 같은 회로에서 2[Ω]의 단자전압[V]은?

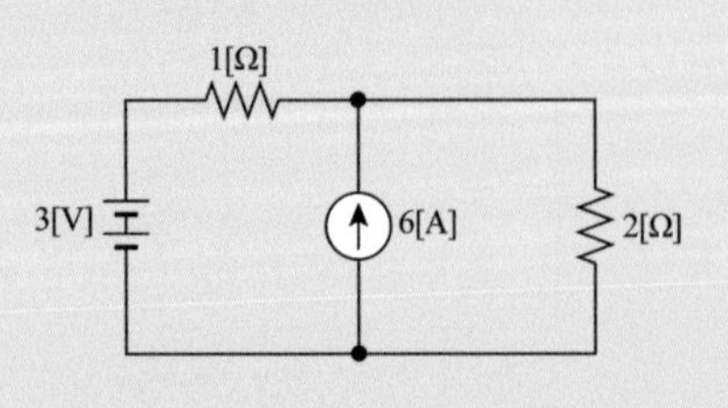

① 3 ② 4

③ 6 ④ 8

풀이 1) 전류원 개방 $I' = \dfrac{3}{2+1} = 1\,[\mathrm{A}]$

2) 전압원 단락 $I'' = \dfrac{1}{1+2} \times 6 = 2\,[\mathrm{A}]$

• 2[Ω]을 흐르는 전 전류 I는

$I = I' + I'' = 1 + 2 = 3\,[\mathrm{A}]$

$\therefore\ V = IR = 3 \times 2 = 6\,[\mathrm{V}]$

답 ③

2) 테브난의 정리

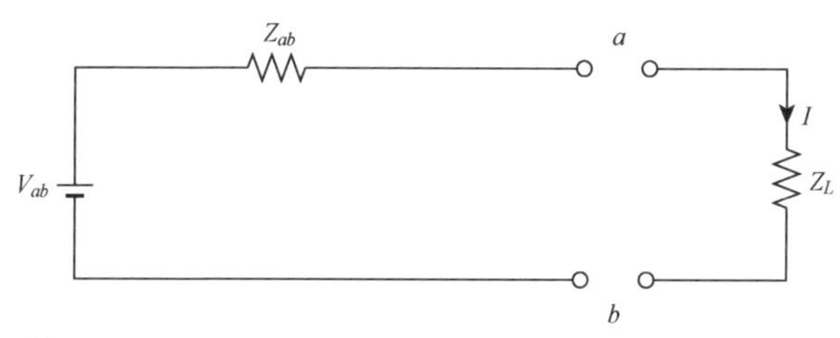

$$I = \frac{V_{ab}}{Z_{ab} + Z_L}[A]$$

- V_{ab} : $a \cdot b$측에 걸리는 전압
- Z_{ab} : $a \cdot b$측에서 본 입력측 Z
- Z_L : $a \cdot b$측에서 본 부하측 Z

[예제 09]

다음 중 테브난의 정리와 쌍대의 관계가 있는 것은?

① 밀만의 정리 ② 중첩의 원리
③ 노튼의 정리 ④ 보상의 정리

풀이 테브난의 정리(등가 전압원 정리)와 노튼 정리(등가 전류원 정리)는 쌍대 관계가 있다.

 ③

[예제 10]

그림과 같은 회로망에서 a, b간의 단자전압이 50[V], a, b에서 본 능동 회로망 쪽의 임피던스가 $6 + j8$ [Ω]일 때 a, b단자에 새로운 임피던스 $z = 2 - j2$ [Ω]을 연결하였을 때의 a, b에 흐르는 전류[A]는?

① 10
② 8
③ 5
④ 2.5

N
a
b
6+j8[Ω]
$\dot{Z}$
2−j2[Ω]

풀이 $I = \frac{V_{ab}}{Z_{ab} + Z_L} = \frac{50}{6 + j8 + 2 - j2} = 5$

 ③

[예제 11]

테브난 정리를 써서 그림 (a)의 회로를 그림 (b)와 같은 등가회로로 만들고자 한다. E[V]와 R[Ω]을 구하면?

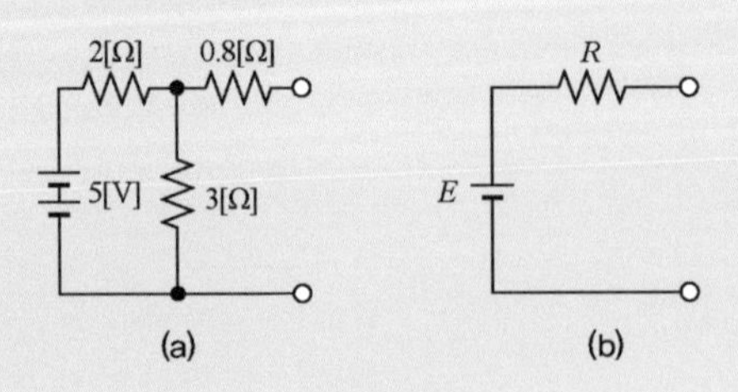

① 3, 2　　② 5, 2

③ 5, 5　　④ 3, 1.2

풀이 $R = 0.8 + \dfrac{2\times3}{2+3} = 2\,[\Omega],\ \ V = \dfrac{3}{2+3}\times5 = \dfrac{15}{5} = 3\,[\text{V}]$

답 ①

[예제 12]

테브난(Thevenin)의 정리를 사용하여 그림 (a)의 회로를 (b)와 같은 등가회로로 바꾸려 한다. V와 R의 값은?

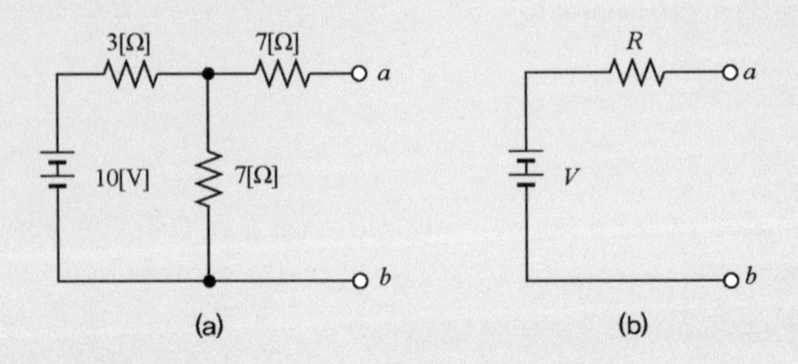

① 7 [V], 9.1 [Ω]　　② 10 [V], 9.1 [Ω]

③ 7 [V], 6.5 [Ω]　　④ 10 [V], 6.5 [Ω]

풀이 a, b **단자 사이에 걸리는 개방전압**

$$V_{ab} = \frac{10}{3+7}\times7 = 7\,[\text{V}]$$

a, b 단자에서 전원측으로 본 합성저항(전압원은 단락시킨다)

$$R_{ab} = 7 + \frac{3\times7}{3+7} = 9.1\,[\Omega]$$

답 ①

3) 밀만의 정리

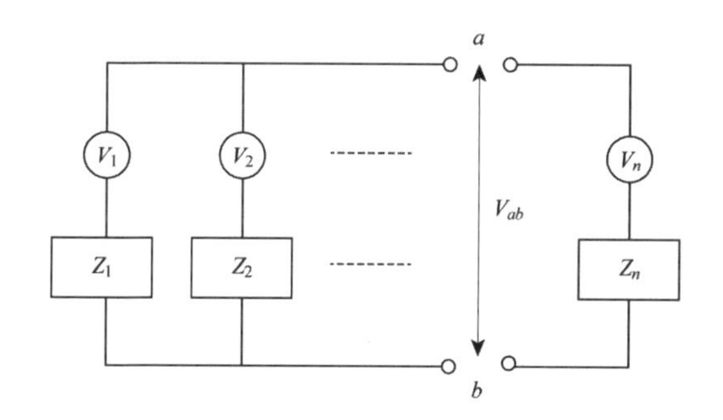

$$◎ \ V_{ab} = \frac{\frac{V_1}{Z_1} + \frac{V_2}{Z_2} + \cdots + \frac{V_n}{Z_n}}{\frac{1}{Z_1} + \frac{1}{Z_2} + \cdots + \frac{1}{Z_n}} = \frac{Y_1 V_1 + Y_2 V_2 + \cdots Y_n V_n}{Y_1 + Y_2 + \cdots + Y_n}$$

[예제 13]

그림에서 단자 a, b에 나타나는 전압 V_{ab} [V]는 얼마인가?

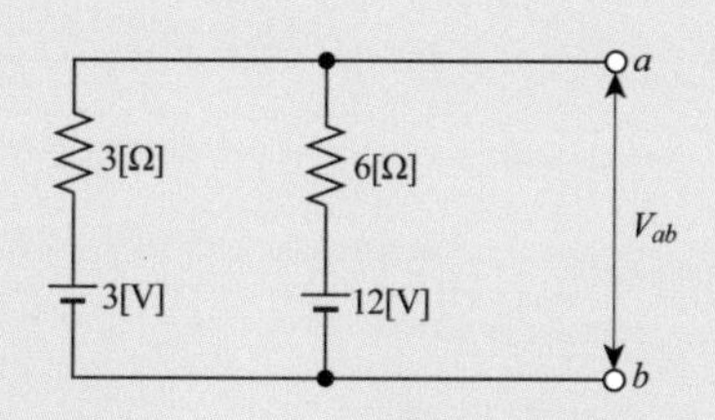

① 6.0
② 4.0
③ 3.6
④ 2.0

풀이 $V_{ab} = \frac{\frac{3}{3} + \frac{12}{6}}{\frac{1}{3} + \frac{1}{6}} \times 6 = \frac{6+12}{2+1} = \frac{18}{3} = 6\,[\mathrm{V}]$

 ①

[예제 14]

그림에서 단자 a, b에 나타나는 V_{ab}는 몇 [V]인가?

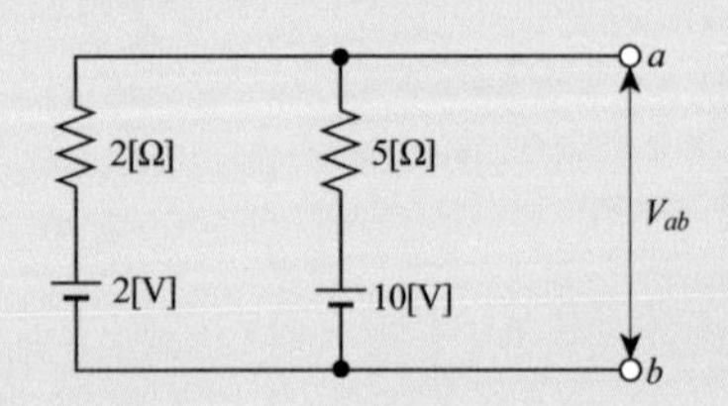

① 3.3　② 4.3
③ 5.3　④ 6

풀이 $V_{ab}=\dfrac{\dfrac{2}{2}+\dfrac{10}{5}}{\dfrac{1}{2}+\dfrac{1}{5}}\times 10=\dfrac{10+20}{5+2}=\dfrac{30}{7}=4.3$

답 ②

제3장 정전계와 정자계의 이해

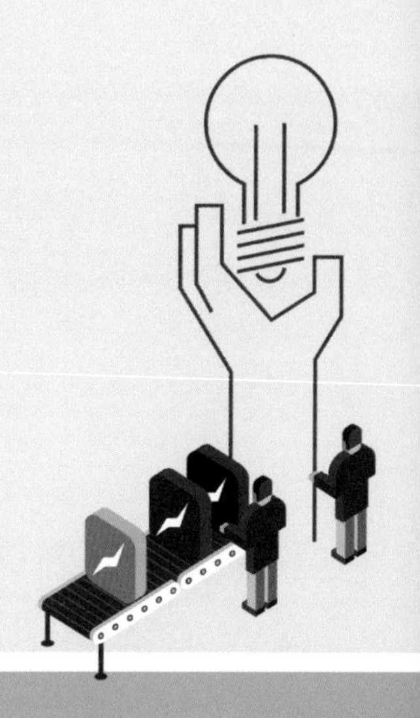

03 정전계와 정자계의 이해

기초정리

❶ 전하의 종류

㉠ 점전하 $Q\,[\mathrm{C}]$

㉡ 선전하 $\lambda[\mathrm{C/m}] = \dfrac{Q}{\ell}$

㉢ 면전하 $\rho[\mathrm{C/m^2}] = \dfrac{Q}{s}$

❷ 가우스 법칙

$$\int E\,ds = \frac{Q}{\epsilon_0}$$

$$E \cdot s = \frac{Q}{\epsilon_0}$$

$$E = \frac{Q}{\epsilon_0 \cdot s} = \frac{Q}{4\pi\epsilon_0 r^2}\,[\mathrm{V/m}]$$

❸ 면적

㉠ 원 둘레 $\ell = 2\pi r$

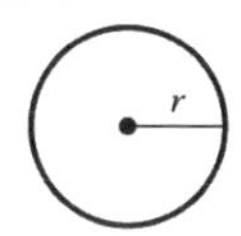

㉡ 원의 면적 $S = \pi r^2$

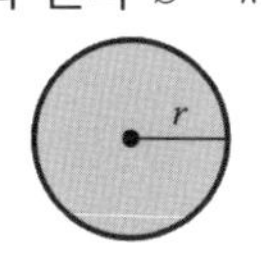

㉢ 구의 면적 $S = 4\pi r^2$

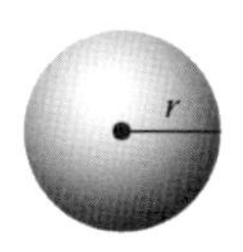

㉣ 구의 체적 $V = \dfrac{4}{3}\pi r^3$

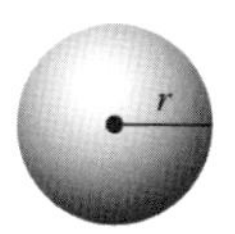

3.1 진공중의 정전계

1) 쿨롱의 법칙

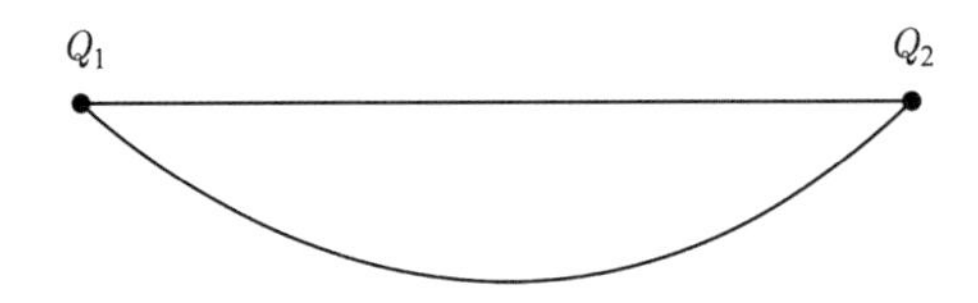

Q_1, Q_2 : 전하량[C]
r : 거리[m]

$$F = \frac{Q_1 Q_2}{4\pi\epsilon_0 r^2} = 9\times10^9 \times \frac{Q_1 Q_2}{r^2} [N]$$

ϵ_0(진공중의 유전율) $= 8.855\times10^{-12}$[F/m]

[예제 01]

1[C]의 전하량을 갖는 두 점전하가 공기 중에 1[m] 떨어져 놓여 있을 때 두 점전하 사이에 작용하는 힘은 몇 [N]인가?

① 1 ② 3×10^9
③ 9×10^9 ④ 10^{-5}

풀이 $F = 9\times10^9\times\frac{1\times1}{1^2} = 9\times10^9$ [N]

답 ③

[예제 02]

진공중에 2×10^{-5}[C]과 1×10^{-6}[C]인 두 개의 점전하가 50[cm] 떨어져 있을 때 두 전하 사이에 작용하는 힘은 몇 [N]인가?

① 0.72 ② 0.92
③ 1.82 ④ 2.02

풀이 $F = 9\times10^9\times\frac{2\times10^{-5}\times1\times10^{-6}}{0.5^2} = 0.72$[N]

답 ①

2) 전계의 세기

전계 내의 임의의 점에 단위 정전하(즉 +1[C])를 놓았을 때 작용하는 힘

단위 정전하 ⇒ +1[C]에 작용하는 힘

❶ 구(점) 전하

㉠ 구 외부

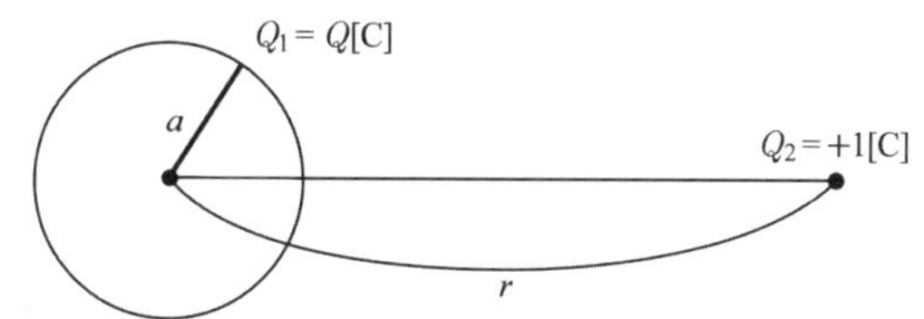

ⓐ $E = \dfrac{Q \cdot 1}{4\pi\epsilon_0 r^2} = \dfrac{Q}{4\pi\epsilon_0 r^2} = 9\times10^9 \times \dfrac{Q}{r^2}$ [V/m]

ⓑ $E = \dfrac{F}{Q}$ [N/C]

ⓒ 가우스 법칙 이용

$$\int E\,ds = \frac{Q}{\epsilon_0}$$

$$E\cdot s = \frac{Q}{\epsilon_0},\quad E = \frac{Q}{\epsilon_0 \cdot s} = \frac{Q}{4\pi\epsilon_0 r^2}$$

(반지름이 r인 구의 표면적 $s = 4\pi r^2$)

[예제 03]

진공 중 놓인 1[μC]의 점전하에서 3[m] 되는 점의 전계[V/m]는?

① 10^{-3}　　② 10^{-1}

③ 10^2　　④ 10^3

풀이 $E = 9\times10^9\times\dfrac{Q}{r^2} = 9\times10^9\times\dfrac{10^{-6}}{3^2} = 10^3$ [V/m]

답 ④

㉡ 구 내부

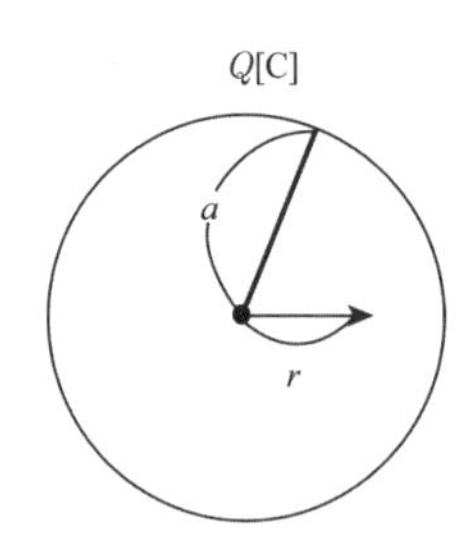

ⓐ 전하가 내부에 균일하게 분포된 경우

$$E = \frac{Q}{4\pi\epsilon_0 r^2} \times \frac{\text{체적}'(r)}{\text{체적}(a)} = \frac{Q}{4\pi\epsilon_0 r^2} \times \frac{\frac{4}{3}\pi r^3}{\frac{4}{3}\pi a^3}$$

⇒ 반지름이 r 인 구의 체적 $V = \frac{4}{3}\pi r^3$

$$E = \frac{rQ}{4\pi\epsilon_0 a^3} \text{ [V/m]}$$

ⓑ 전하가 표면에만 분포된 경우

$E = 0$

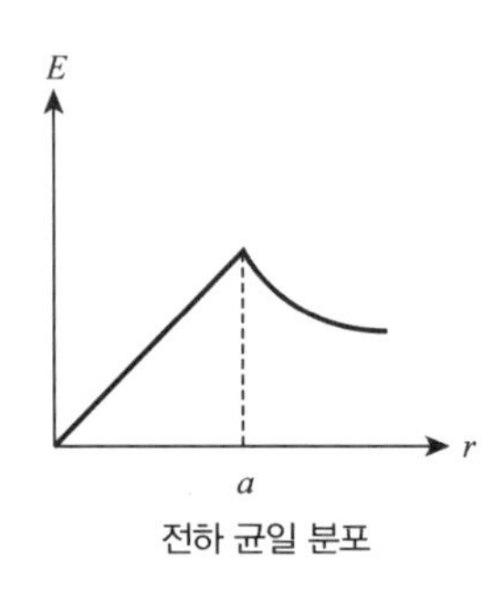

전하 균일 분포

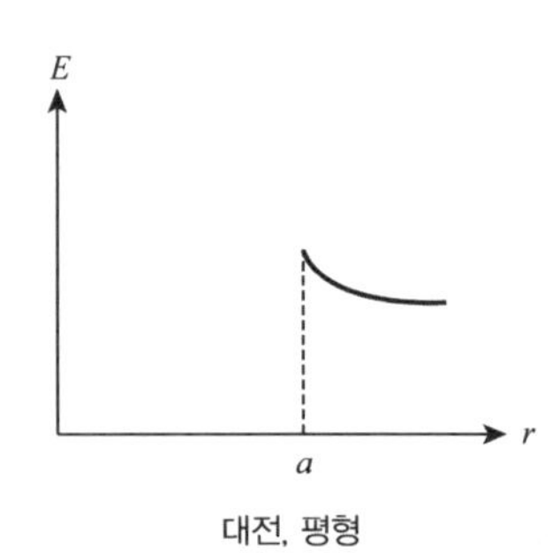

대전, 평형

❷ 동축 원통(무한장 직선, 원주)

㉠ 외부

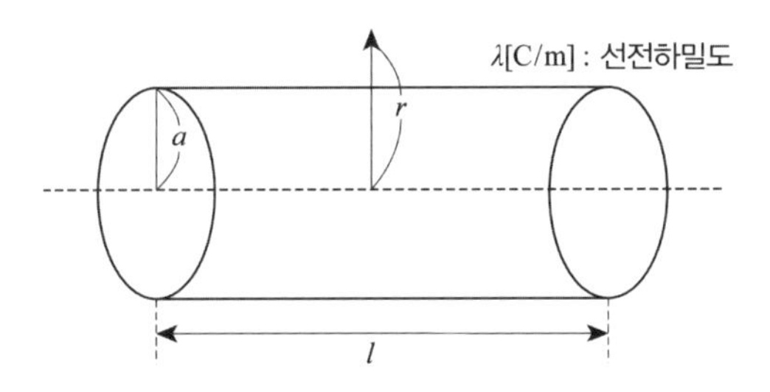

◎ 가우스 법칙 이용

$$\int E\,ds = \frac{Q}{\epsilon_0} = \frac{\lambda \cdot l}{\epsilon_0}$$

$$E \cdot S = \frac{\lambda \cdot l}{\epsilon_0}$$

$$E = \frac{\lambda \cdot l}{S \cdot \epsilon_0}$$

⇒ 길이 l, 반지름 r인 원통의 표면적 $S = 2\pi rl = \dfrac{\lambda \cdot \ell}{2\pi rl \cdot \epsilon_0}$

$$E = \frac{\lambda}{2\pi\epsilon_0 r}\,[\text{V/m}]$$

㉡ 내부

ⓐ 전하가 내부에 균일하게 분포된 경우

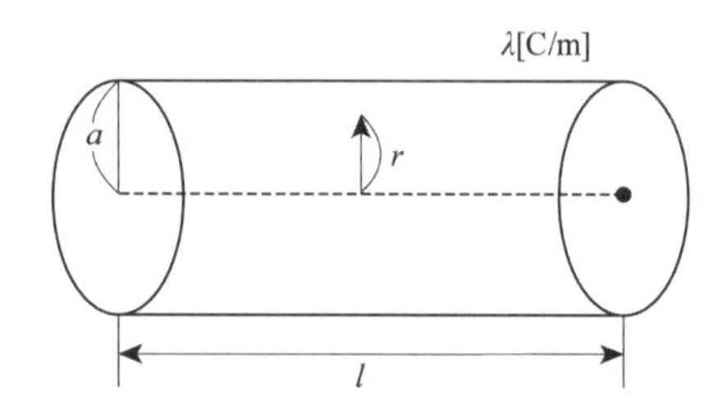

$$E = \frac{\lambda}{2\pi\epsilon_0 r} \times \frac{체적'(r)}{체적(a)} = \frac{\lambda}{2\pi\epsilon_0 r} \times \frac{\pi r^2 l}{\pi a^2 l}$$

⇒ 길이 l, 반지름 r인 원통의 체적 $V = \pi r^2 l$

$$\therefore\ E = \frac{r\lambda}{2\pi\epsilon_0 a^2}\,[\mathrm{V/m}]$$

ⓑ 전하가 표면에만 분포된 경우 $E = 0$

[예제 04]

선전하밀도가 λ[C/m]로 균일한 무한직선도선의 전하로부터 거리가 r[m]인 점의 전계의 세기는 몇 [V/m]인가?

① $E = \frac{1}{4\pi\epsilon_0}\frac{\lambda}{r}$　② $E = \frac{1}{2\pi\epsilon_0}\frac{\lambda}{r^2}$

③ $E = \frac{1}{2\pi\epsilon_0}\frac{\lambda}{r}$　④ $E = \frac{1}{\pi\epsilon_0}\frac{\lambda}{r}$

 ③

[예제 05]

균일하게 대전되어 있는 무한 길이 직선 전하가 있다. 축으로부터 r만큼 떨어진 점의 전계의 세기는?

① r에 비례한다.　② r에 반비례한다.

③ r^2에 반비례한다.　④ r^3에 반비례한다.

풀이 $E = \frac{\lambda}{2\pi\epsilon_0 r}$ [V/m]

 ②

[예제 06]

중공 도체의 중공부 내 전하를 놓지 않으면 외부에서 준 전하는 외부 표면에만 분포한다. 도체 내의 전계[V/m]는 얼마인가?

① 0　② $\frac{Q_1}{4\pi\epsilon_0 a}$

③ $\frac{Q_1}{4\pi\epsilon_0 b}$　④ $\frac{Q_1}{\epsilon_0}$

 ①

[예제 07]

반지름 a인 원주 대전체에 전하가 균등하게 분포되어 있을 때 원주 대전체의 내외 전계의 세기 및 축으로부터의 거리와 관계되는 그래프는?

① E [V/m] 0 a x

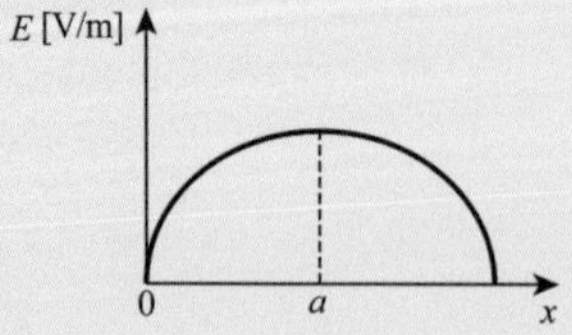

② E [V/m] 0 a x

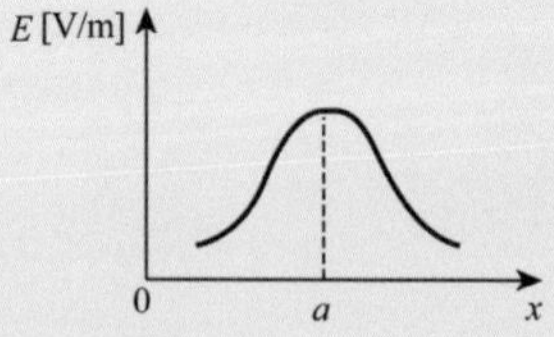

③ E [V/m]

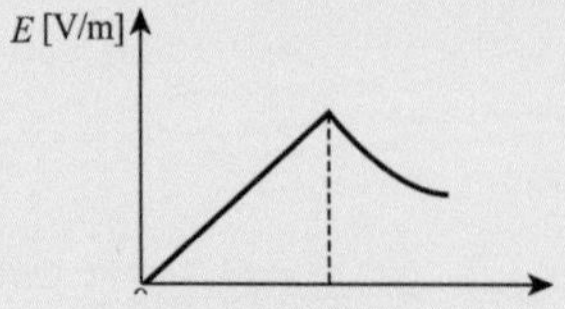

④ E [V/m]

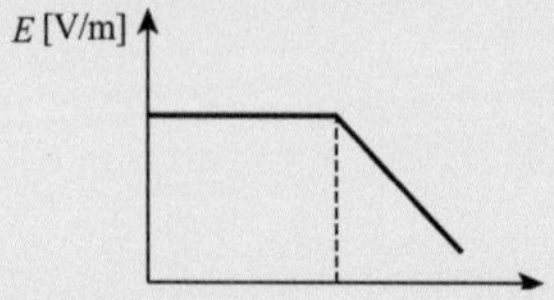

풀이 $r < a$(구내부) : $E_i = \dfrac{r \cdot \lambda}{2\pi\epsilon_0 a^2}$ [V/m]

$r > a$(구외부) : $E = \dfrac{\lambda}{2\pi\epsilon_0 r}$ [V/m]

즉, 전하가 균등하게 분포되어 있을 때는 전계의 세기가 내부에서는 거리에 비례하고 외부에서는 거리에 반비례 한다.

답 ③

❸ 무한평면

㉠ ρ[C/m^2] (면적전하 밀도)가 분포된 경우

$$\int E' ds = \frac{Q}{\epsilon_0}, \quad E' \cdot s = \frac{\rho \cdot s}{\epsilon_0}, \quad E' = \frac{\rho}{\epsilon_0}$$

$$\therefore\ E = \frac{E'}{2} = \frac{\rho}{2\epsilon_0}\ \text{[V/m]}$$

㉡ ρ[C/m^2]가 간격 d[m]로 분포된 경우

$$E\ (\text{외부}) = \frac{\rho}{2\epsilon_0} + \frac{\rho}{2\epsilon_0} = \frac{\rho}{\epsilon_0}\ \text{[V/m]}$$

$$E\ (\text{내부}) = \frac{\rho}{2\epsilon_0} - \frac{\rho}{2\epsilon_0} = 0$$

㉢ $+\rho$, $-\rho$ [C/m^2]가 간격 d[m]로 분포된 경우

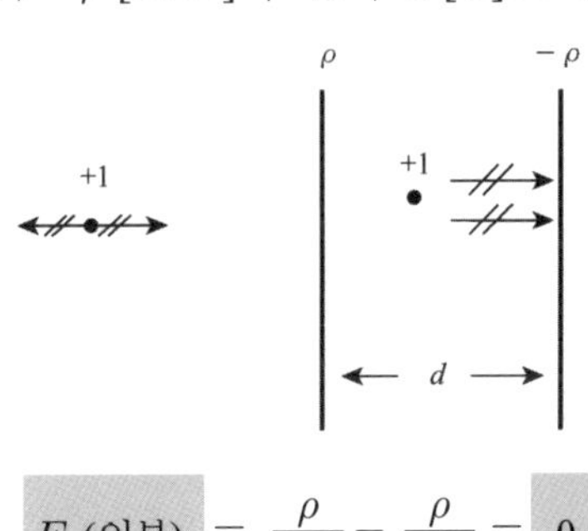

$$E\ (\text{외부}) = \frac{\rho}{2\epsilon_0} - \frac{\rho}{2\epsilon_0} = 0$$

$$E\ (\text{내부}) = \frac{\rho}{2\epsilon_0} + \frac{\rho}{2\epsilon_0} = \frac{\rho}{\epsilon_0}\ \text{[V/m]}$$

[예제 08]

무한히 넓은 평면에 면밀도 δ[C/m^2]의 전하가 분포되어 있는 경우 전력선은 면에 수직으로 나와 평행하게 발산한다. 이 평면의 전계의 세기[V/m]는?

① $\dfrac{\delta}{2\epsilon_0}$　　② $\dfrac{\delta}{\epsilon_0}$

③ $\dfrac{\delta}{2\pi\epsilon_0}$　　④ $\dfrac{\delta}{4\pi\epsilon_0}$

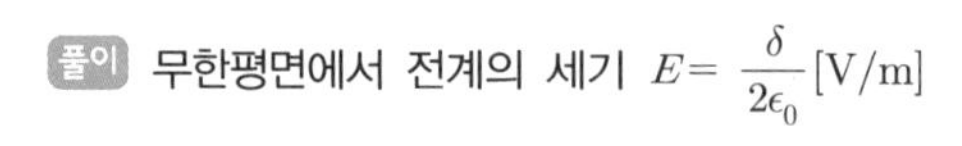
풀이 무한평면에서 전계의 세기 $E=\dfrac{\delta}{2\epsilon_0}$[V/m]

답 ①

[예제 09]

$x=0$ 및 $x=a$인 무한 평면에 각각 면전하 $-\rho_s$ [C/m^2], ρ_s [C/m^2]가 있는 경우 $x>a$인 영역에서 전계 E는?

① $E=0$　　② $E=\dfrac{\rho_s}{2\epsilon_0}a_x$

③ $E=-\dfrac{\rho_s}{2\epsilon_0}a_x$　　④ $E=\dfrac{\rho_s}{\epsilon_0}a_x$

풀이 $x>a$인 외부의 전계는 0이다.

답 ①

3) 전위

전계의 세기가 0인 무한원점으로부터 임의의 점까지 단위 정전하 (+1[C])를 이동시킬 때 필요한 일의 양

❶ 구(점) 전하

$$V = -\int_{\infty}^{r} E\,dx$$ (무한원점에 대한 임의의 점(r)의 전위)

예 전계 내에서 B점에 대한 A점의 전위 $V = -\int_{B}^{A} E d\ell$

$$V = \frac{Q}{4\pi\epsilon_0 r}\,[\mathrm{V}] = E\cdot r = E\cdot d = G\cdot r\ [\mathrm{V}]$$

(r : 반지름, d : 간격, G : 절연내력)

❷ 동축 원통 (무한장 직선, 원주)

$$V = -\int_{\infty}^{r} E\,dx$$

$$= \int_{r}^{\infty} E\,dx$$

$$= \int_{r}^{\infty} \frac{\lambda}{2\pi\epsilon_0 x}\,dx$$

$$= \frac{\lambda}{2\pi\epsilon_0}\,[\ell_n x\,]_r^{\infty}$$

$$= \frac{\lambda}{2\pi\epsilon_0}(\ell_n \infty - \ell_n r)$$

$$V = \infty\ [\mathrm{V}]$$

❸ 무한 평면

$$V = -\int_{\infty}^{r} E\,dx = \int_{r}^{\infty} E\,dx = \int_{r}^{\infty} \frac{\rho}{2\epsilon_0}\,dx$$

$$= \frac{\rho}{2\epsilon_0}[x]_r^{\infty} = \frac{\rho}{2\epsilon_0}[\infty - r]$$

$$V = \infty$$

※ 동축 원통이나 무한 평면에서 임의의 점 (r)의 전위?
$V = \infty$

[예제 10]

어느 점전하에 의하여 생기는 전위를 처음 전위의 $\frac{1}{2}$이 되게 하려면 전하로부터의 거리를 몇 배로 하면 되는가?

① $\frac{1}{\sqrt{2}}$ ② $\frac{1}{2}$
③ $\sqrt{2}$ ④ 2

풀이 $V = \frac{Q}{4\pi\epsilon_o r}$, $\frac{1}{2}V = \frac{Q}{4\pi\epsilon_o r'} = \frac{Q}{4\pi\epsilon_o (2r)} = \frac{1}{2}V$

$r' = 2r$

답 ④

[예제 11]

50[V/m]의 평등 전계 중의 80[V] 되는 점 A에서 전계 방향으로 80[cm] 떨어진 점 B의 전위[V]는?

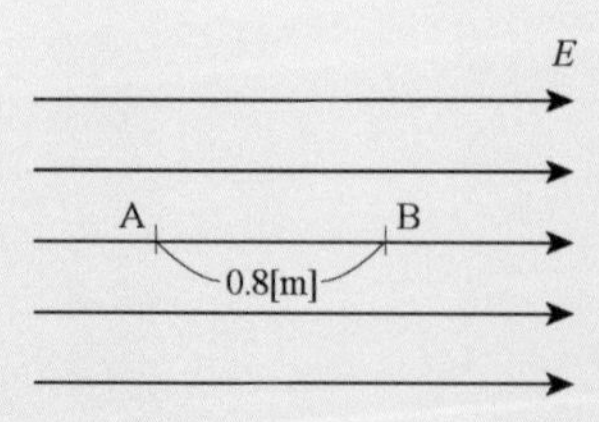

① 20 ② 40
③ 60 ④ 80

풀이 $V_B = V_A - E \cdot d = 80 - 50 \times 0.8 = 40$[V]

답 ②

[예제 12]

그림과 같이 A와 B에 각각 1×10^{-8}[C] 과 -3×10^{-8}[C]의 전하가 있다. P점의 전위는 몇 [V]인가?

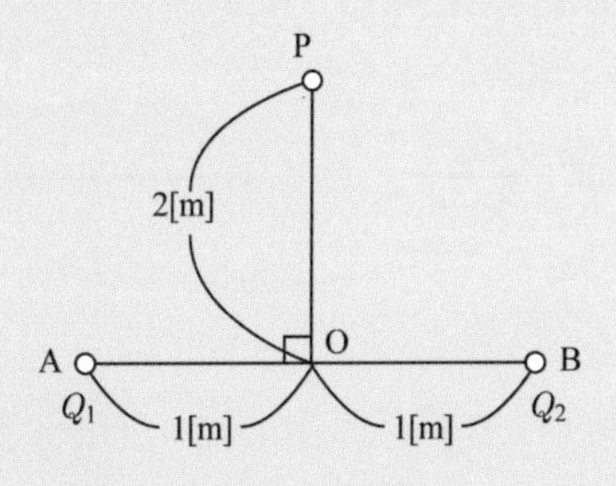

① 40.5　② −62.5
③ −80.5　④ 122.4

풀이 Q_1, Q_2와 P점까지의 거리 $r=\sqrt{5}$

$$V = V_1 + V_2 = \left(9\times10^9\times\frac{1\times10^{-8}}{\sqrt{5}}\right) + \left(9\times10^9\times\frac{-3\times10^{-8}}{\sqrt{5}}\right)$$

$$= 9\times10^9\times\frac{10^{-8}}{\sqrt{5}}\times(1-3) = -80.5[\text{V}]$$

답 ③

4) 전계의 세기를 구하는 문제

❶ 전계의 세기가 0이 되는 지점?

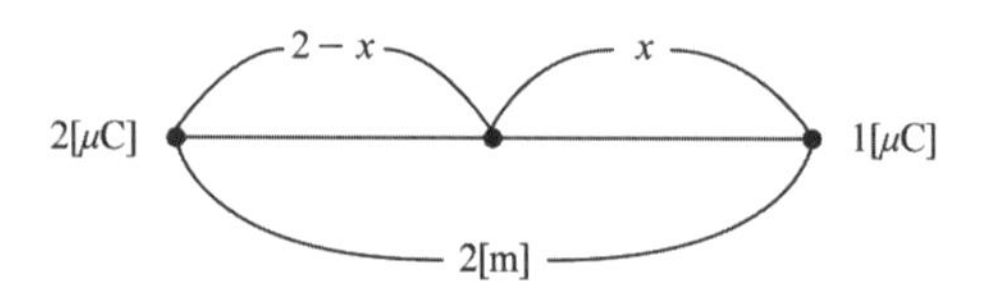

두 전하의 부호가 같은 경우 전계의 세기가 0이 되는 지점은 두 전하 사이에 존재

$$\frac{2\times 10^{-6}}{4\pi\epsilon_0(2-x)^2}=\frac{10^{-6}}{4\pi\epsilon_0 x^2}$$

$$2x^2=(2-x)^2$$

$$\sqrt{2}\,x=2-x$$

$$(\sqrt{2}+1)x=2$$

$$x=\frac{2}{\sqrt{2}+1}\frac{(\sqrt{2}-1)}{(\sqrt{2}-1)}=2(\sqrt{2}-1)[\text{m}]$$

❷ 전계의 세기가 0이 되는 지점=?

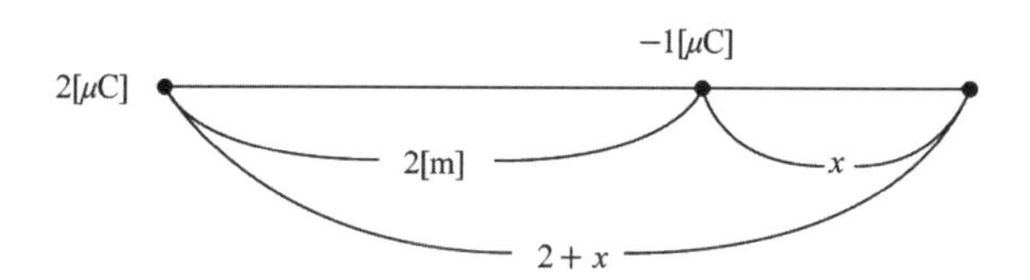

두 전하의 부호가 틀린 경우 전계의 세기가 0이 되는 지점은 절댓값이 작은 쪽 전하에 존재

$$\frac{2\times10^{-6}}{4\pi\epsilon_0(2+x)^2}=\frac{10^{-6}}{4\pi\epsilon_0 x^2}$$

$$2x^2=(2+x)^2,\ \sqrt{2}\,x=2+x$$

$$(\sqrt{2}-1)x=2$$

$$x=\frac{2}{\sqrt{2}-1}\,\frac{(\sqrt{2}+1)}{(\sqrt{2}+1)}=2(\sqrt{2}+1)\,[\mathrm{m}]$$

[예제 13]

$+1[\mu C]$, $+2[\mu C]$의 두 점전하가 진공 중에서 1[m] 떨어져 있을 때 이 두 점전하를 연결하는 선상에서 전계의 세기가 0이 되는 점은?

① $+1[\mu C]$으로부터 $(\sqrt{2}-1)$[m] 떨어진 점
② $+2[\mu C]$으로부터 $(\sqrt{2}-1)$[m] 떨어진 점
③ $+1[\mu C]$으로부터 $\frac{1}{3}$[m] 떨어진 점
④ $+2[\mu C]$으로부터 $\frac{1}{3}$[m] 떨어진 점

풀이 부호가 같을 때 전계의 세기가 0인 점은 두 전하 사이에 있으므로 그림에서 P점의 전계의 세기 0이라면

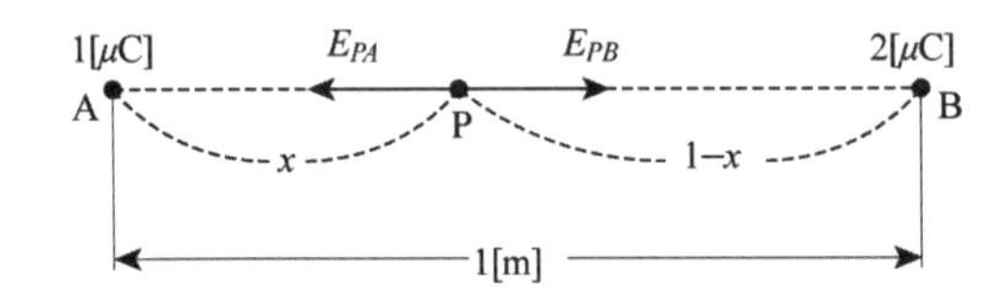

$$\frac{10^{-6}}{4\pi\epsilon_0 x^2} = \frac{2\times 10^{-6}}{4\pi\epsilon_0 (1-x)^2}$$

$$2x^2 = (1-x)^2$$

$$\sqrt{2}\,x = 1-x$$

$$x = \frac{1}{\sqrt{2}+1} = \sqrt{2}-1\,[\text{m}]$$

$\therefore$ $1[\mu C]$으로부터 $(\sqrt{2}-1)$[m] 떨어진 점

 ①

[예제 14]

점전하 $+2Q$[C]이 $x=0$, $y=1$인 점에 놓여 있고 $-Q$[C]의 전하가 $x=0$, $y=-1$인 점에 위치할 때 전계의 세기가 0이 되는 점을 찾아라.

① $-Q$쪽으로 5.83 $\begin{bmatrix} x=0 \\ y=-5.83 \end{bmatrix}$

② $+2Q$쪽으로 5.83 $\begin{bmatrix} x=0 \\ y=5.83 \end{bmatrix}$

③ $-Q$쪽으로 0.17 $\begin{bmatrix} x=0 \\ y=-0.17 \end{bmatrix}$

④ $+Q$쪽으로 0.17 $\begin{bmatrix} x=0 \\ y=0.17 \end{bmatrix}$

풀이 두 전하의 부호가 다르므로 전계의 세기가 0인 점은 전하의 절댓값이 큰 반대편 외측에 존재한다. 그림에 전계의 세기가 0인 점을 a라 하면

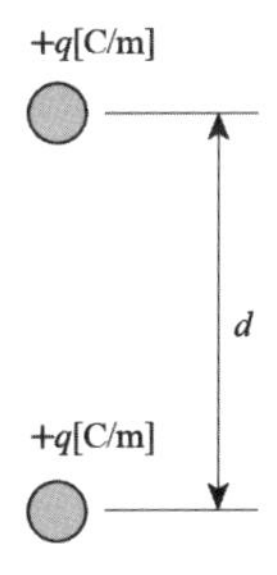

$$\frac{Q}{4\pi\epsilon_0 a^2} = \frac{2Q}{4\pi\epsilon_0 (2+a)^2}$$

$$2a^2 = (2+a)^2$$

$$\sqrt{2}\,a = 2+a$$

$$(\sqrt{2}-1)a = 2$$

$$a = \frac{1}{\sqrt{2}-1} = 4.83\,[\text{m}]$$

즉 전계의 세기가 0인 점의 좌표는 $x=0$, $y=-5.83$[m]이다.

답 ①

3.2 진공중의 정자계

기초정리

정전기와 정자기의 비교

정전기		정자기	
$F=\dfrac{Q_1 Q_2}{4\pi\epsilon_0 r^2}=9\times 10^9\dfrac{Q_1 Q_2}{r^2}$[N]		$F=\dfrac{m_1 m_2}{4\pi\mu_0 r^2}=6.33\times 10^4\dfrac{m_1 m_2}{r^2}$[N]	
유전율	$\epsilon=\epsilon_0\cdot\epsilon_s$[F/m]	투자율	$\mu=\mu_0\cdot\mu_s$[H/m]
진공의 유전율	$\epsilon_0=8.855\times 10^{-12}$	진공의 투자율	$\mu_0=4\pi\times 10^{-7}$
비유전율	ϵ_s	비투자율	μ_s
전장의 세기	$E=\dfrac{Q}{4\pi\epsilon_0 r^2}$[V/m]	자장의 세기	$H=\dfrac{m}{4\pi\mu_0 r^2}$[AT/m]
	$F=Q\cdot E$[N]		$F=m\cdot H$[N]
전속	$D=\dfrac{Q}{S}$[C/m^2]	자속	$B=\dfrac{\phi}{S}$[Wb/m^2]
전속밀도	$D=\epsilon E=\epsilon_0\cdot\epsilon_s\cdot E$	자속밀도	$B=\mu H=\mu_0\cdot\mu_s\cdot H$

1) 쿨롱의 법칙

$$F = \frac{m_1 m_2}{4\pi\mu_0 r^2}[\mathrm{N}] = 6.33\times10^4\times\frac{m_1 m_2}{r^2}$$

$$\mu_0 \text{ (진공의 투자율)} = 4\pi\times10^{-7}\,[\mathrm{H/m}]$$

↳ $\mu = \mu_0 \mu_s$

(μ_s : 비투자율) 진공시 $\mu_s = 1$

$$1[\mathrm{Wb}] = 10^8[\mathrm{Maxwell}]$$

$$1[\mathrm{Wb/m^2}] = 10^4[\mathrm{gauss}]$$

[예제 15]

공기중에서 가상 점자극 m_1, m_2[Wb]를 r [m] 떼어 놓았을 때 두 자극간의 작용력이 F[N]이었다면 이때의 거리 r [m]는?

① $\sqrt{\dfrac{m_1 m_2}{F}}$　　② $\dfrac{6.33\times10^4 m_1 m_2}{F}$

③ $\sqrt{\dfrac{6.33\times10^4\times m_1 m_2}{F}}$　　④ $\sqrt{\dfrac{9\times10^9\times m_1 m_2}{F}}$

풀이 $F = \dfrac{1}{4\pi\epsilon_0}\cdot\dfrac{m_1 m_2}{r^2} = 6.33\times10^4\dfrac{m_1 m_2}{r^2}[\mathrm{N}]$

$r^2 = \dfrac{6.33\times10^4\times m_1 m_2}{F}$　　$\therefore\ r = \sqrt{\dfrac{6.33\times10^4\times m_1 m_2}{F}}$

답 ③

[예제 16]

유전율이 $\epsilon_0 = 8.855\times10^{-12}$[F/m]인 진공 내를 전자파가 전파할 때 진공에 대한 투자율은 몇 [H/m]인가?

① 3.48×10^{-7}　　② 6.33×10^{-7}

③ 9.25×10^{-7}　　④ 12.56×10^{-7}

풀이 $\mu_0 = 4\pi\times10^{-7} = 12.56\times10^{-7}$

답 ④

2) 자계의 세기

- 자계 내의 임의의 점에 단위 정자하 +1[Wb]를 놓았을 때 작용하는 힘
- 단위 정자극 +1[Wb]에 작용하는 힘

❶ 구(점) 자하

㉠ $H = \dfrac{m \cdot 1}{4\pi\mu_0 r^2} = \dfrac{m}{4\pi\mu_0 r^2}$ [AT/m], [A/m] $= 6.33 \times 10^4 \times \dfrac{m}{r^2}$

㉡ $H = \dfrac{F}{m}$ [N/Wb]

$F = mH$

[예제 17]

자극의 크기 $m = 4$[Wb]의 점자극으로부터 $r = 4$[m] 떨어진 점의 자계의 세기 [A/m]를 구하면?

① 7.9×10^3 ② 6.3×10^4
③ 1.6×10^4 ④ 1.3×10^3

풀이 $H = 6.33 \times 10^4 \times \dfrac{m}{r^2} = 6.33 \times 10^4 \times \dfrac{4}{4^2} = 1.6 \times 10^4$

답 ③

[예제 18]

그림과 같이 진공에서 6×10^{-3}[Wb]의 자극을 길이 10[cm] 되는 막대자석의 점자극으로부터 5[cm] 떨어진 P점의 자계의 세기는?

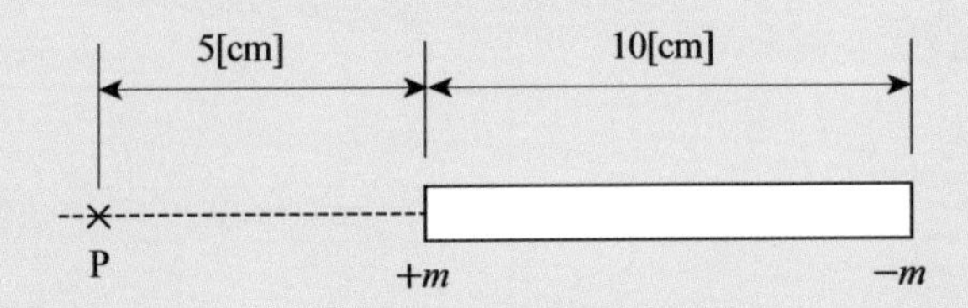

① 13.3×10^4[AT/m]
② 17.3×10^4[AT/m]
③ 23.3×10^3[AT/m]
④ 28.3×10^5[AT/m]

풀이
$$H = H_1 - H_2 = \left(6.33\times10^4\times\frac{m}{r_1^2}\right) - \left(6.33\times10^4\times\frac{m}{r_2^2}\right)$$
$$= 6.33\times10^4\times m\times\left(\frac{1}{r_1^2} - \frac{1}{r_2^2}\right)$$
$$= 6.33\times10^4\times6\times10^{-3}\times\left(\frac{1}{0.05^2} - \frac{1}{0.15^2}\right)$$
$$= 13.5\times10^4$$

답 ①

❷ 동축 원통(무한장 직선, 원주)

㉠ 외부 : 암페어의 주회적분 법칙

$$Hl = NI$$

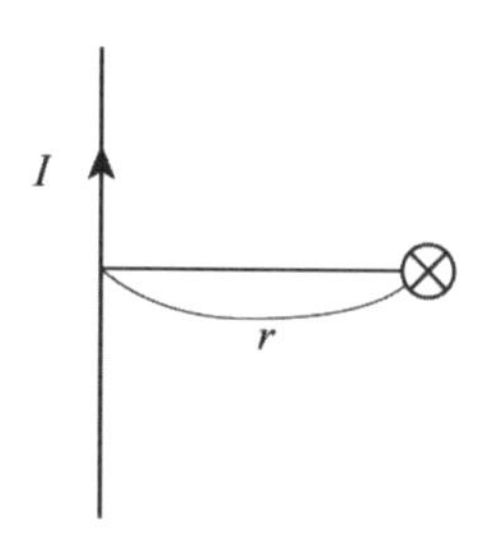

$$H = \frac{NI}{l} = \frac{I}{2\pi r}\text{[AT/m]}$$

㉡ 내부

$$H = \frac{I}{2\pi r} \times \frac{\text{체적}(r)}{\text{체적}(a)} = \frac{I}{2\pi r} \times \frac{\pi r^2 l}{\pi a^2 l} = \frac{rI}{2\pi a^2}\text{[AT/m]}$$

※ 전류가 표면에만 분포된 경우 내부 자계의 세기는 "0"

$$E = \frac{\lambda}{2\pi\epsilon_0 r}\text{[V/m](외부)}$$

$$E = \frac{r \cdot \lambda}{2\pi\epsilon_0 a^2}\text{[V/m](내부)}$$

[예제 19]

무한 직선 전류에 의한 자계는 전류에서의 거리에 대하여 (　　)의 형태로 감소한다. (　　)에 알맞은 것은?

① 포물선　　② 원

③ 타원　　④ 쌍곡선

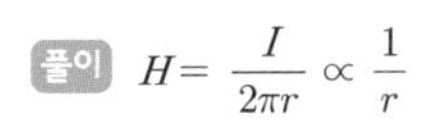

풀이 $H = \dfrac{I}{2\pi r} \propto \dfrac{1}{r}$

답 ④

[예제 20]

무한장 원주형 도체에 전류가 표면에만 흐른다면 원주 내부의 자계의 세기는 몇 [AT/m]인가? (단, r [m]는 원주의 반지름이다.)

① $\dfrac{I}{2\pi r}$　　② $\dfrac{NI}{2\pi r}$

③ $\dfrac{I}{2r}$　　④ 0

답 ④

3) 자계의 세기를 구하는 문제

❶ 정삼각형 중심

유한장 직선 이용

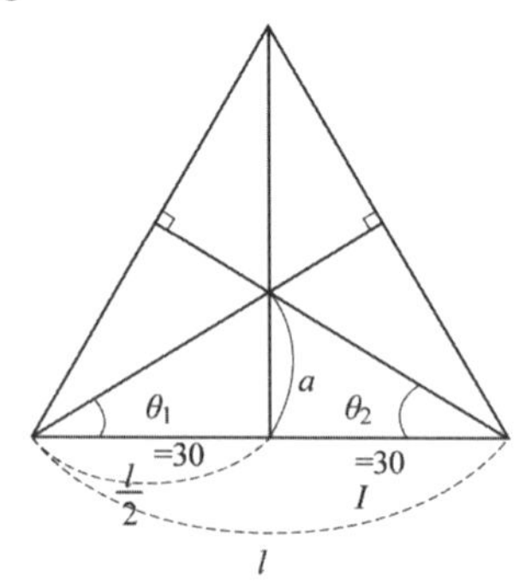

$$H = \frac{I}{4\pi a}(\cos\theta_1 + \cos\theta_2)$$

$$\tan 30 = \frac{1}{\sqrt{3}} = \frac{a}{\frac{l}{2}}$$

$$\Rightarrow \sqrt{3}\,a = \frac{l}{2}$$

$$a = \frac{l}{2\sqrt{3}}$$

$$H = \frac{I}{4\pi a}(\cos 30° + \cos 30°) \times 3$$

$$= \frac{I}{4\pi \frac{l}{2\sqrt{3}}}\left(\frac{\sqrt{3}}{2} \times 2\right) \times 3 \quad = \frac{9I}{2\pi l}\,[\mathrm{AT/m}]$$

❷ 정사각형 중심

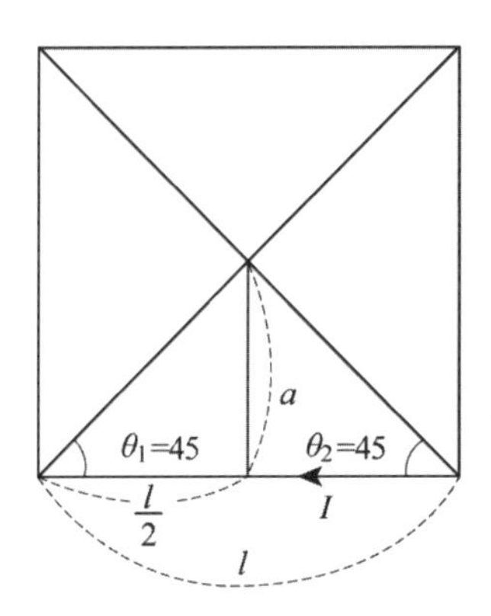

$$\tan 45 = 1 = \frac{a}{\frac{l}{2}}$$

$$\frac{l}{2} = a$$

$$H = \frac{I}{4\pi a}(\cos 45 + \cos 45) \times 4$$

$$= \frac{I}{4\pi \frac{l}{2}}\left(\frac{\sqrt{2}}{2} \times 2\right) \times 4$$

$$= \frac{2\sqrt{2}\,I}{\pi l}\,[\mathrm{AT/m}]$$

❸ 정육각형 중심

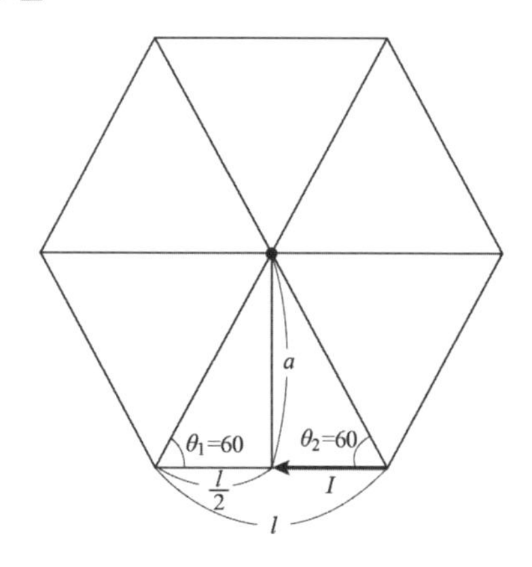

$$\tan 60 = \sqrt{3} = \frac{a}{\frac{l}{2}}$$

$$\frac{\sqrt{3}}{2}l = a$$

$$H = \frac{I}{4\pi a}(\cos 60° + \cos 60°) \times 6$$

$$= \frac{I}{4\pi \cdot \frac{\sqrt{3}}{2}l}\left(\frac{1}{2} \times 2\right) \times 6$$

$$= \frac{3I}{\sqrt{3}}$$

$$= \frac{\sqrt{3}I}{\pi l} \text{ [AT/m]}$$

❹ 반지름이 R인 원에 내접하는 정 n각형 중심

$$H = \frac{nI}{2\pi R}\tan\frac{\pi}{n}$$

[예제 21]

한 변의 길이가 2[cm]인 정삼각형 회로에 100[mA]의 전류를 흘릴 때 삼각형의 중심점 자계의 세기[AT/m]는?

① 3.6　　② 5.4
③ 7.2　　④ 2.7

풀이 정삼각형 도체에 전류 I가 흐르고 한 변의 길이가 l일 때 정삼각형 중심의 자계의 세기

$$H = \frac{9I}{2\pi l}[\mathrm{AT/m}] = \frac{9\times 0.1}{2\pi\times 2\times 10^{-2}} = 7.2[\mathrm{AT/m}]$$

답 ③

[예제 22]

길이 40[cm]인 철선을 정사각형으로 만들고 직류 5[A]를 흘렸을 때 그 중심에서의 자계의 세기[AT/m]는?

① 40　　② 45
③ 80　　④ 85

풀이 정사각형(정방형) 도체에 전류 I가 흐르고 한 변의 길이가 l일 때 정사각형 중심의 자계의 세기

$$H = \frac{2\sqrt{2}\,I}{\pi l}[\mathrm{AT/m}]$$

$$H = \frac{2\sqrt{2}\,I}{\pi l} = \frac{2\sqrt{2}\times 5}{\pi\times 0.1} = 45[\mathrm{AT/m}]$$

[예제 23]

반경 R인 원에 내접하는 정6각형의 회로에 전류 I[A]가 흐를 때 원 중심점에서의 자속밀도는 몇 [Wb/m²]인가?

① $\frac{\mu_0 I}{\pi R}\cos\frac{\pi}{6}$　　② $\frac{3\mu_0 I}{\pi R}\tan\frac{\pi}{6}$
③ $\frac{I}{2\pi\mu_0 R}\tan\frac{\pi}{6}$　　④ $2\pi R\tan\frac{\pi}{6}$

풀이 정n각형 중심의 자계

$$H_n = \frac{nI}{2\pi R}\tan\frac{\pi}{n}$$

$$B = \mu_0 H = \mu_0\frac{6I}{2\pi R}\tan\frac{\pi}{6} = \frac{3\mu_0 I}{\pi R}\tan\frac{\pi}{6}[\mathrm{Wb/m^2}]$$

초보자를 위한 전기입문 **값 12,000원**

저 자	이 종 칠
감 수	최 재 욱 강 일 구
발행인	문 형 진

판권 검인

2013년 6월 20일 제1판 제1쇄 발행
2014년 9월 20일 제1판 제2쇄 발행
2017년 6월 28일 제2판 제1쇄 발행
2019년 3월 13일 제3판 제1쇄 발행
2020년 11월 11일 제4판 제1쇄 발행

발행처 **세 진 사**

㊒02859 서울특별시 성북구 보문로 38 세진빌딩
TEL : 02)922-6371~3, 923-3422 / FAX : 02)927-2462
Homepage : www.sejinbook.com
〈등록. 1976. 9. 21 / 서울 제307-2009-22호〉